W0366896

DIE KUNST DER
SELBSTFÜHRUNG

Anja gewidmet.

BURKHARD BENSMANN

DIE KUNST DER SELBSTFÜHRUNG

Erkenntnisse aus Interviews

mit Führungskräften

und führenden Kräften

IMPRESSUM

Bibliografische Information
der Deutschen Nationalbibliothek
Die Deutsche Nationalbibliothek
verzeichnet diese Publikation in der
Deutschen Nationalbibliografie;
detaillierte bibliografische
Daten sind im Internet über
dnb.d-nb.de abrufbar.

AUTOR Burkhard Bensmann
LEKTORAT Thomas Hake, Berlin
GESTALTUNG UND SATZ Michael Grüß,
tack-graphik, Berlin
HERSTELLUNG UND VERLAG
Books on Demand GmbH,
Norderstedt
Das Werk ist einschließlich aller
seiner Teile urheberrechtlich
geschützt. Jede Verwertung ist
ohne Zustimmung des Autors
unzulässig. Das gilt insbesondere für
Vervielfältigungen, Übersetzungen,
Mikroverfilmungen und die
Einspeisung und Verarbeitung in
elektronischen Systemen.
Copyright © 2009
Burkhard Bensmann
ISBN 978-3-837-09567-8

INHALT

VORWORT

Insbesondere in wirtschaftlich herausfordernden Zeiten hängt der Unternehmenserfolg von Führungskräften ab, die als Vorbild gegenüber den eigenen Mitarbeitern und der Allgemeinheit eine besondere Stellung einnehmen. Diese Führungskräfte denken vorausschauend, begeistern ihre Mitarbeiter, schaffen Orientierung und sorgen für den richtigen Kurs. Wer diese Ansprüche erfüllen und andere führen will, benötigt allerdings eine solide Grundlage – es gilt, zunächst sich selbst führen zu können. Das ist leicht gesagt, aber wie gelingt vorbildliche Selbstführung? Der Autor dieses Buches geht pragmatisch vor und befragt erfolgreiche Führungskräfte. Mit den Interviews bekommt der Leser einen ungewohnten Einblick in die Praxis von bekannten Unternehmern, hidden champions und ungewöhnlichen Entrepreneuren. Die Selbstführung wird begreifbar, wenn Gesprächspartner von ihrer Selbstorganisation im Alltag berichten oder schildern, wie sie körperlichen und geistigen Ausgleich suchen; im Dialog erfährt der Autor, wie erfolgreiche Führungskräfte ihre Visionen und Ziele entwickeln und woran sie ihren eigenen Erfolg messen.

Burkhard Bensmann zeigt somit deutlich auf, dass Selbstführung erlernbar ist und auf Prinzipien basiert. Er nutzt dazu Auszüge aus den geführten Gesprächen und ergänzende

Managementliteratur, bietet Reflexionsansätze und Erfahrungen aus seiner eigenen Beraterpraxis an. So gelingt es ihm, Stellenwert und Begriff der Selbstführung ebenso praxisnah wie systematisch darzustellen. In der Auswertung der Gespräche macht der Autor zudem deutlich, dass Selbstführung auch etwas mit Kunst zu tun hat: In diesem Genre kommt es ebenfalls auf Begeisterung, Kreativität, Visionen und Neues an; aber nur mit Fleiß, Selbstorganisation und effizienten Strukturen kann ein Künstler ein bleibendes Werk schaffen. Gleiches gilt ebenso für Führungskräfte.

Das Buch wird vor allem für denjenigen von Nutzen sein, der sich offen auf die immer wieder im Text gestellten Reflexionsfragen einlässt. Die Erfahrungen, Einschätzungen und Erkenntnisse der befragten Geschäftsführer, Vorstände, Familienunternehmer oder Freelancer bieten konkrete Anregungen für Menschen, die führen. Andere – und sich selbst.

Prof. Dr. Norbert Winkeljohann

?

UNTERNEHMER

ODER

UNTERNOMMENER

SELBSTFÜHRUNG: AKTUALITÄT UND BEDEUTUNG

Es ist auffällig, dass es bisher in der deutschsprachigen Literatur keinen Versuch gibt, ein umfassendes Modell zum Thema Selbstführung zu zeichnen, das sich an der Praxis erfolgreicher Führungskräfte orientiert. Zwar existieren zahlreiche Ratgeber zu Zeitmanagement, zum (Selbst-)Coaching, zum „Netzwerken", ferner Lehrangebote, Programme und Trainings. Aber ein übergreifender, systematisierender Ansatz, der sich an der alltäglichen Führungspraxis orientiert, fehlt bisher.

Mein Ansatz ist daher, die einzelnen Facetten von Selbstführung zu erfassen und in einem differenzierten Modell aufzufächern. Die Basis dafür ist meine Berufserfahrung als selbstständiger Organisationsberater und Coach, die ich durch die Ergebnisse aus über sechzig strukturierten Interviews zur Thematik ergänze. Damit zeige ich auf, wie der Begriff Selbstführung von Führungskräften in der Praxis verstanden und gelebt wird. Ergänzend führe ich weitere relevante Quellen an, als Zitat oder als Verweis zur weiteren Vertiefung.

Drastisch könnte man formulieren, dass sich die Arbeitswelt in *Unternehmer und Unternommene* aufteilen lässt. Die Basis für dieses Buch bieten Gespräche, die ich mit „Unternehmern" in diesem Sinne geführt habe: mit erfolgreichen Führungskräften und mit „führenden Kräften". Allerdings, auch dies wurde in den Gesprächen deutlich, gibt es selbst unter den erfolgreichen Unternehmenslenkern nur selten stringente, aufwärts zeigende Karrierelinien. Zumindest zeitweise hat sich so mancher Unternehmer selbst in der Rolle des „Unternommenen" gefunden. Erfolgreich, so meine Arbeitsdefinition, ist derjenige, der seine eigenen Fähigkeiten erkennt, entwickelt, zur Anwendung bringt und damit eine beabsichtigte Wirkung erzielt. Die Auswahl der zu befragenden Führungskräfte habe ich nach diesen Gesichtspunkten und auf der Basis vertraulicher Empfehlungen getroffen.

Für die Interviews habe ich ein Raster von Fragen entwickelt. Damit konnte ich in persönlichen Gesprächen untersuchen, wie sich weibliche und männliche Führungskräfte nach eigenen Angaben selbst führen.[1] Mit den Interviews und dem hier vorliegenden Buch habe ich letztlich vier Ziele verfolgt:

- → ein praxistaugliches, umfassendes Modell zum Thema Selbstführung darzustellen,
- → ermutigende Beispiele zur erfolgreichen Führung der eigenen Person aufzuzeigen,
- → konkrete Arbeitshilfen anzubieten, damit der Leser Facetten der eigenen Selbstführung Schritt für Schritt reflektieren und verbessern kann,
- → dieses Material in Form eines fundierten, gleichzeitig aber flüssig lesbaren Buches vorzulegen.

Die Struktur des Buches dient diesen Zielen. Im ersten Teil wird der Begriff Selbstführung definiert, um ein Grundverständnis herzustellen. Daran schließt sich eine Sammlung relevanter Ansätze und Modelle an, die ein vertiefendes Verständnis ermöglichen. Schließlich stelle ich mein eigenes Modell vor, welches ich die *Sieben Felder der Selbstführung* nenne. Im zweiten Teil werden die Dimensionen dieses Modells in sieben Kapiteln anhand prägnanter Äußerungen von Führungskräften erläutert. Hierbei stehen die Ergebnisse aus den Interviews im Vordergrund. Ergänzend führe ich weitere Quellen an, um die verschiedenen Dimensionen zu erläutern und für die Praxis taugliche Hinweise abzuleiten.

Der Schlussteil widmet sich der Zusammenfassung wesentlicher Erkenntnisse zum Thema Selbstführung. Er fokussiert die Ansätze, mit denen Führungskräfte eine Analyse ihrer eigenen Situation durchführen und Maßnahmen zur Optimierung ableiten können. Schließlich bietet der Anhang einen Fundus von ergänzendem Material, nennt die wesentlichen Quellen und zeigt weitere Wege zur Vertiefung auf.

VERÄNDERTE ANFORDERUNGEN AN FÜHRUNGSKRÄFTE

Nicht erst durch die aktuellen wirtschaftlichen Herausforderungen, die sich global wie regional spüren lassen, wird deutlich, wie stark sich die Umgebungsbedingungen für Führungskräfte verändert haben.

Für die jüngeren Führungskräfte unter meinen Interviewpartnern ist dies Normalität, während einige der älteren mir aufzeigten, wie die gewachsenen Anforderungen ihre Karriereentwicklung geprägt hatten. Der Arbeits- und Organisationspsychologe Ansfried Weinert[2] sieht im Wesentlichen sechs neue Herausforderungen:

1. noch schnellerer Wandel im technologischen und Umweltbereich,

2. Zunahme der internationalen Konkurrenz,

3. häufiger geopolitischer Wandel und fortlaufende Verschiebungen von Kräften, Macht und Einfluss zwischen verschiedenen Ländern,

4. erhebliche Veränderung des Arbeitskräftepotenzials (Zunahme der Überalterung, des Frauenanteils und der kulturellen Vielfalt),

5. Veränderung der Arbeit selbst (wenig Routine, häufig variierend und die Anpassungsfähigkeit herausfordernd, eher den Intellekt fordernd und sehr stark problemlösungsorientiert),

6. Veränderung der Beziehungen zwischen Mitarbeiter, Führung und Organisation. Zum Beispiel werden durch Empowerment viele Mitarbeiter in Zukunft ohne direkte Führung arbeiten.

Weinert leitet daraus ab, dass sich die Funktionen von Führungskräften entsprechend verändern müssen. Er sieht die Prioritäten unter anderem darin, Werte zu beeinflussen, Rollenmodell zu sein, überzeugen zu können und integer wie auch glaubwürdig zu sein. Weiterhin betont er, dass dazu Selbstvertrauen und Stresstoleranz erforderlich seien.[3] Während in den vergangenen Jahren Führung durch klare Organisationsstrukturen unterstützt werden konnte, verlieren starre Strukturen mehr und mehr an Bedeutung. Mit der Dynamik der Organisationen und der Auflösung alter, eindeutiger Rollen und Zugehörigkeiten geraten Menschen in

Führungspositionen zunehmend unter den Zwang, auch sich selbst zu verändern.

„Wenn Topmanager von Veränderung reden, meinen sie in erster Linie die anderen", so die kritische Einschätzung von Arun Gairola in einem Artikel in Harvard Business manager.[4] Weiter heißt es dort: „Die meisten Topmanager wollen ihre Mitarbeiter dazu bekommen, etwas anders zu machen. Sie ärgern sich, wenn diese nicht tun, was sie sich vorgestellt haben. Aber Mitarbeiter verhalten sich in der Regel nur dann anders, wenn sich auch ihre Chefs ändern. Die meisten Spitzenführungskräfte unterliegen der Illusion, ihnen selbst falle das ganz leicht ... es wäre schön, wenn Manager begreifen würden: Change-Management bedeutet einerseits ein Abschied von selbstverständlich gewordenen Gewohnheiten und andererseits das Lernen neuer Denk- und Verhaltensweisen ..."

Mit der Entwicklung sozialer Kompetenzen und kommunikativer Überredungstechniken ist es daher nicht getan. Hier stellt sich viel eher die Frage, wie weit die Führungskraft selbst gewillt und in der Lage ist, sich mit den eigenen Defiziten zu konfrontieren und konfrontieren zu lassen, um an der eigenen Persönlichkeit zu arbeiten. Damit rückt die Führung und Entwicklung der eigenen Person in den Mittelpunkt. Dies bestätigte sich bei der Anbahnung der Interviews, die diesem Buch zugrunde liegen. Es fiel vergleichsweise leicht, die angefragten Führungskräfte für einen Gesprächstermin zu gewinnen. Und auch die Ergebnisse der Interviews, von denen in den folgenden Kapiteln zu berichten ist, zeigen die Notwendigkeit einer tiefgreifenden Auseinandersetzung mit der Führung der eigenen Person, um als Führungskraft den gestiegenen Anforderungen begegnen zu können.

Insgesamt kann die Selbstführung als eine zentrale Voraussetzung für die Führung von Organisation und der dort tätigen Menschen angesehen werden, wie Götz W. Werner, Gründer der dm-Drogeriemarktkette, im Interview unterstrich. Er verwies in diesem Zusammenhang auf das Schulungsprogramm im eigenen Hause, das diesem Thema ein Lernangebot „Führung als Selbstführung" widmet. Auch andere aktuelle Programme von Weiterbildungsträgern widmen sich zusehends einer ganzheitlichen Sicht der Führungsthematik; es zeigt sich, dass die Aspekte, die mit der Führung der eigenen Person verbunden werden können, mittlerweile in einigen Seminaren und Trainings zentrale Positionen einnehmen.[5]

Zur weiteren Vertiefung habe ich in der Anlage zu diesem Buch mein *Führungskleeblatt* angefügt, ein Modell, das wesentliche Schlüsselkompetenzen zusammenfasst.

ZUM BEGRIFF SELBSTFÜHRUNG

Bei dem Versuch, den Begriff Selbstführung mit Leben zu füllen, werde ich mich an meiner Berufserfahrung orientieren. Aus den Interviews leite ich wesentliche Aussagen ab, die die Grundlage für eine praxisrelevante Definition bereitstellen. Zusätzlich sollen weiterführende Quellen und Ansätze der Arbeits- und Organisationspsychologie sowie der allgemeinen Managementliteratur berücksichtigt werden.

Bereits Christian Lutz hat mit seinem Konzept des „Lebensunternehmers“[6] grundlegende Gedanken für eine Auffassung beschrieben, die das eigene Leben quasi als Projekt betrachtet, welches in voller Eigenverantwortung zu gestalten ist. Daniel Goleman, der auch im deutschsprachigen Raum mit dem Konzept der *Emotionalen Intelligenz* bekannt geworden ist,[7] nennt im Kontext von Führungskompetenzen vor allem zwei Felder, die für die Definition des Begriffs Selbstführung eine zentrale Rolle spielen: Selbstwahrnehmung und Selbstmanagement. Er ordnet diesen beiden zentralen Begriffen weitere Eigenschaften bzw. Fähigkeiten zu:

→ Selbstwahrnehmung: emotionale Selbstwahrnehmung, zutreffende Selbsteinschätzung, Selbstvertrauen

→ Selbstmanagement: Selbstkontrolle, Transparenz, Anpassungsfähigkeit, Leistung, Initiative, Optimismus

Neck und Houghton[8] haben wesentliche englischsprachige Veröffentlichungen zum Thema gesichtet, strukturiert und ausgewertet. Sie sehen als übereinstimmende Komponenten, dass

Selbstführung einen Prozess der *Selbstbeeinflussung und -steuerung* bezeichnet; dies schließt ausdrücklich auch *Selbstmotivation* mit ein. Sie unterscheiden drei wesentliche Richtungen in den Strategien zur Selbstführung:[9]

→ Strategien, die das Verhalten fokussieren

→ Strategien der „natürlichen Belohnung“

→ Strategien der „konstruktiven Gedankenmuster“

Die Autoren nehmen damit Bezug auf zahlreiche Untersuchungen, die belegen, dass das Setzen eigener Ziele eine erfolgreiche Methode zur Steigerung der eigenen Leistung sein kann, wenn diese Ziele herausfordernd und spezifisch sind.

Für den Kontext dieses Buchs zum Thema Selbstführung schlage ich daher als Arbeitsdefinition vor: *Selbstführung umfasst Einstellungen und Methoden zur zielgerichteten Führung der eigenen Person. Selbstführung basiert wesentlich auf Selbstverantwortung, Selbsterkenntnis und Selbststeuerung.*

ZUR METHODIK

Das Projekt basiert auf einundsechzig von mir persönlich geführten Gesprächen. Die meisten davon habe ich direkt in den jeweiligen Organisationen geführt. Die Interviews fanden in der Zeit zwischen Januar 2008 und Januar 2009 statt und basierten auf einem einheitlichen Fragenkatalog. Ich hatte drei Zielgruppen im Blick: Die Gruppe der *Etablierten* – Vorstände oder Geschäftsführer im Alter zwischen 55 und 65 Jahren, die bereits eine langjährige Führungserfahrung in unterschiedlichen Feldern besitzen. Als zweite Gruppe wählte ich junge Führungskräfte zwischen 28 und 40, die entweder als Entrepreneure schnell ihre eigene Firma zum Erfolg gebracht haben oder in bestehenden Unternehmen eine zügige Karriere gemacht hatten. Eine dritte, nicht völlig abgrenzbare Gruppe sollte Selbstständige und Führungskräfte mit ungewöhnlichen Karrieren umfassen, darunter Künstler und Wissenschaftler. In der

Durchführung der Interviews habe ich diese Aufteilung nicht streng einhalten können. Einige Führungskräfte konnte ich nicht oder nicht im vorgesehenen Zeitrahmen für ein Gespräch gewinnen. Andere Gespräche waren nicht geplant, ergaben sich aber durch Empfehlungen und erwiesen sich als sehr produktiv für das Projekt. Wieder andere Begegnungen schienen zunächst nicht möglich, kamen dann aber durch externe Förderung und Vermittlung doch zustande.

Als zentrales Instrument habe ich das teilstrukturierte Interview gewählt – es bietet einen Rahmen, der Vergleichbarkeit schafft, lässt aber Raum für die Vertiefung spezifischer Aspekte. Ich arbeite auch im Coaching mit derartigen Interviews. Meine Methodik stammt aus dieser dialogorientierten Beratungspraxis; sie ist subjektiv geprägt und basiert auf Erfahrungswissen. Es handelt sich mithin nicht um ein quantitatives oder qualitatives psychologisches oder soziologisches Verfahren, das Ableitungen oder Verallgemeinerungen zuließe, die den Kriterien der Empirie standhielten. Vielmehr entspringen die Auswahl der Einzeläußerungen und die Schlussfolgerungen daraus meiner Deutungskraft: Ich setze auf die Qualität des Dialogs mit den ausgewählten Führungskräften, um praxisrelevante Aussagen zum Thema Selbstführung zu sammeln. Diese Aussagen werden dann in ein Rahmenwerk eingefügt, das den Begriff Selbstführung präzisiert und die gewonnenen Interviewaussagen mit anderen Quellen in Beziehung setzt.

Meine Leitfragen für die Gespräche, die im Schnitt jeweils etwa eineinhalb Stunden dauerten, lauteten:

1. Was bedeutet für Sie der Begriff Selbstführung?

2. Mit welchen Methoden und Instrumenten strukturieren Sie Ihre Arbeit?

3. Wo sehen Sie persönlich Ihre größten Stärken in Sachen Selbstführung?

4. Wo sehen Sie persönlich Ihre größten Schwächen in Sachen Selbstführung?

5. Gibt es für Sie Vorbilder für Selbstführung?

6. Wie kann eine Führungskraft Selbstführung verbessern? Was kann man lernen?

Mit dem Projekt habe ich einen Nutzen auf verschiedenen Ebenen angestrebt. Das Projekt sollte einen aktuellen Einblick in die Praxis der Selbstführung nehmen und die in den Interviews gewonnenen Erkenntnisse mit bestehenden Methoden und Instrumenten vergleichen. Als Zusatznutzen war beabsichtigt, dass die befragten Personen ihre Selbstführung reflektieren konnten und so eine größere Klarheit über ihre Praxis erlangen. Diese Auseinandersetzung mit sich selbst habe ich dadurch unterstützt, dass ich den Interviewten nach den Gesprächen eine kurze Zusammenfassung der Inhalte zugesandt habe. Zusätzlich erhielten alle Befragten durch Zwischenberichte zum Projekt weitere Informationen zur Thematik Selbstführung. Aus den Rückmeldungen der Befragten kann ich ablesen, dass der Zusatznutzen der Reflexion bei vielen Gesprächspartnern tatsächlich zustande kam.

[1] Meine Arbeitshypothese zum Ende des Jahres 2007, als die ersten Gespräche vorbereitet wurden, lautete: *Nur wer sich selbst führen kann, sollte auch andere führen dürfen.*

[2] Ansfried Weinert: „Arbeits- und Organisationspsychologie", S.13.

[3] vgl. ebenda, S. 14.

[4] Das Unternehmen umbauen, in: Harvard Business manager, Oktober 2003, S. 66.

[5] Als typisches Beispiel kann auch das Angebot *Führungskompetenz und Leadership* der Boston Business School aus dem Prospekt von 2007 dienen.

[6] ders.: Leben und Arbeiten in der Zukunft.

[7] Goleman et al.: „Emotionale Führung", S. 314ff (original: Primal Leadership, S. 253–255).

[8] dies.: Two Decades Of Self-Leadership Theory And Research, Journal of Managerial Psychology 2006, Volume 21.

[9] im Original: behaviour-focused strategies, natural reward strategies, constructive thought pattern strategies.

DAS MODELL: SIEBEN FELDER DER SELBSTFÜHRUNG

Wie verstehen meine Interviewpartner *Selbstführung?* Gibt es Übereinstimmungen? Wie lassen sich die Auffassungen strukturieren? Die Antworten reichen von der Betonung einer persönlichen IST-Analyse bis zur Herausstellung einer klaren eigenen Vision. Um das jeweilige Verständnis, die Besonderheiten und die praktischen Hinweise meiner Gesprächspartner zu erfassen, zu ordnen und daraus Kernerkenntnisse ableiten zu können, habe ich habe ein Modell entworfen. Es umfasst sieben aus meiner Sicht relevante Perspektiven der Selbstführung, die ich wie Linsen nutze, durch die ich versuchsweise schaue. Die folgenden Kapitel nutzen jeweils eine dieser Perspektiven, um die Äußerungen meiner Interviewpartner zu erfassen und in einen Zusammenhang zu bringen.

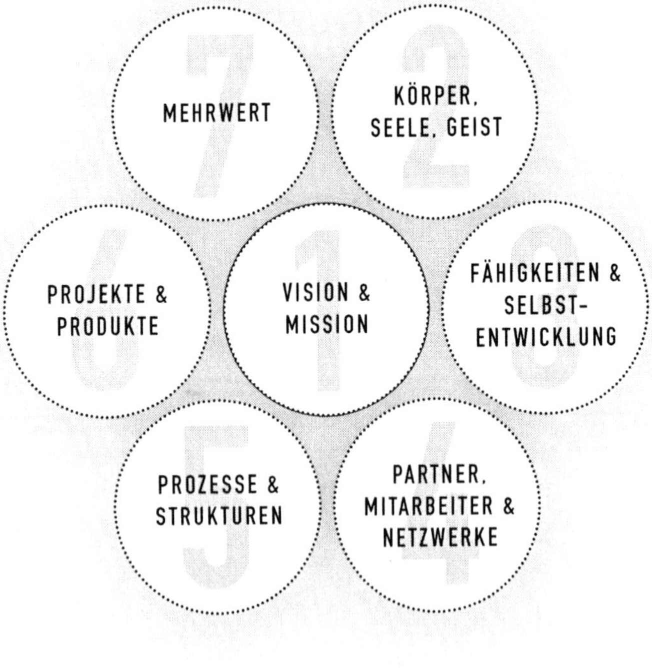

Es gibt vergleichbare Ansätze, um wesentliche Aspekte von Selbstorganisation aufzuzeigen. Große Ähnlichkeit besteht zum Modell von Yamashita und Spataro.[1] Die Autoren nennen sechs Elemente für erfolgreiches Handeln als Führungskraft:
→ den persönlichen Zweck (oder die Absicht),
→ die eigene Strategie, die Leute (das Umfeld)
→ und die Art, wie sie interagieren,
→ die eigene Struktur (auch: Teamstruktur) und den Prozess,
→ die Erfolgskriterien und Belohnungssysteme,
→ die Kultur des Systems.[2]
Während Yamashita und Spataro den Fokus des Modells vor allem auf die Organisation oder das Umgebungssystem legen, wird das hier vorgeschlagene Modell primär den Blickwinkel der Führungsperson einnehmen und beschreibbar machen.

Dabei gehe ich – wie gesagt – von sieben Feldern oder „Linsen" aus, die sich übrigens auch für die Beratungspraxis eignen, wenn es darum geht, dass jemand die einzelnen Bereiche seiner Selbstführung fokussiert. Diese sieben Felder geben dem vorliegenden Buch seine Struktur. In den jeweiligen Kapiteln ergänze ich sie durch Prüffragen und Merkpunkte, die dem Leser für die Selbstanalyse und praktische Vertiefungen dienlich sein können.

DIE EINZELNEN FELDER DES MODELLS

FELD 1: VISION & MISSION

Haben erfolgreiche Führungskräfte eine klare Vorstellung von ihrer „Mission"? Die Interviews lieferten ein gestreutes Bild: Für einige existiert so etwas wie eine persönliche Vision, andere empfinden sich als offen für die Gelegenheiten, die das Leben ihnen bietet. Aus der Setzung eines eigenen (Lebens-)Sinnes und Zwecks kann auch eine klarere Zukunftsplanung entstehen: Mission und Ziele stehen dann in einer konsequenten Beziehung – wenn ich weiß (oder glaube, zu wissen), wozu ich auf der Welt bin, dann kann ich auch meine Ziele darauf ausrichten. Natürlich kann genau dies Menschen, die nicht an eine persönliche „Mission" glauben, paradox erscheinen.

FELD 2: KÖRPER, SEELE, GEIST

Dieser Teil des Modells vereint Bereiche wie Körperbewusstsein und -pflege, Spiritualität, innere Grundhaltung, aber auch mentale Modelle oder kognitive Fähigkeiten. In der Literatur zum Thema Selbstführung wird die Bedeutung der *mindsets* wie auch des fördernden Umgangs mit dem eigenen Körper häufig betont,[3] in den Interviews gab es zahlreiche Hinweise auf persönliche Rituale (Ernährung, Sport, Entspannung etc.).

FELD 3: FÄHIGKEITEN & SELBSTENTWICKLUNG

Hier sind Talente und persönliche Stärken wie auch deren Weiterentwicklung eingeordnet, ebenso wesentliche soziale und kommunikative Fähigkeiten. Wie steht es etwa um wichtige Grundfähigkeiten wie Selbstwahrnehmung, Selbstbewertung, Selbstvertrauen, Eigenkontrolle, Anpassungsfähigkeit?

FELD 4: PARTNER, MITARBEITER & NETZWERK

Selbstführung als Voraussetzung für Mitarbeiterführung – dieses Feld in meinem Modell ist den engen Beziehungen der Führungskraft gewidmet. Damit ist natürlich auch das *relationship management* gemeint. Um eigene Visionen zu realisieren, bedarf es einer passgenauen Unterstützung durch geeignete Kooperationspartner und geklärte Rollen.

FELD 5: PROZESSE & STRUKTUREN

In diesem Kapitel werden unter anderem die grundlegenden Methoden und Instrumente der Selbstorganisation thematisiert, wie z. B. das Strukturieren des Jahres, des Monats, der Woche und des Tages, das Setzen von Prioritäten (die *richtigen* Dinge tun) oder das Entwickeln von Ritualen und Gewohnheiten der Selbstführung.

FELD 6: PROJEKTE & PRODUKTE

Dieses Feld umfasst – je nach Perspektive – Lebensprojekte, Langzeitvorhaben und/oder Kernaufgaben, ebenso wesentliche persönliche Produkte oder Dienstleistungen im engen oder weiten Sinn.

Zu diesem Feld zählen auch Aspekte der persönlichen Hingabe und Verantwortung, des Selbstmarketings und der Kombination von Plan und Fügung.

FELD 7: MEHRWERT

Welche Ergebnisse erzielt die Tätigkeit der Führungskraft? Wenn es nach Peter Drucker[4] darum geht, vor allem „wirksam" zu sein, so sollte zu den Regeln und Ritualen die Überprüfung des erzeugten „Mehrwerts" zählen. Folglich ist dieses Feld der Schaffung von Wert als Resultat eigener Handlungen, Produkte oder Dienstleistungen gewidmet.

[1] dieselben: „UNSTUCK. A tool for yourself, your team and your world", New York et al. 2004.

[2] vgl. ebenda; Übersetzung: BB

[3] z. B. bei Thomas Hübner: „Die Kunst der Auszeit. Vom Powernapping bis zum Sabbatical", Zürich 2006.

[4] ders.: „The Effective Executive".

1

FELD 1

VISION & MISSION

„Das Glück ist, glaube ich, wenn Sie durch irgendein Ereignis mit einem Mal offen werden für Ihre Seele, für Intuition."

DIETER KLAGES

VISION & MISSION

Noch vor gut zehn Jahren war es Mode, für eine Organisation eine *corporate mission* oder ein Leitbild zu erstellen. Das *mission statement* ist „eine kurze, prägnante Erklärung der Gründe für die Existenz einer Organisation", so das enzyklopädische Werk „Campus Management"[1]. Gibt es auch so etwas wie das *mission statement* einer Führungskraft? Aus einer Vielzahl der geführten Interviews wurde deutlich, dass Führungskräfte, insbesondere Unternehmer, oftmals durch eine besondere Lebenssituation zu der Tätigkeit gekommen sind, der sie sich dann mit „missionarischem Eifer" und Hingabe widmen. Nicht immer steht am Anfang eine klare Vision, aber häufig habe ich in den Gesprächen erfahren, dass zumindest Grundzüge der späteren Tätigkeit schon zu Beginn deutlich waren. Einen Sonderfall bilden diejenigen Führungskräfte, die im Rahmen einer familiären Nachfolge auf die zentrale Stelle gelangt sind.

Der Begriff der Vision ist in den vergangenen Jahren immer wieder unscharf gebraucht worden. Während es Hinweise dafür gibt, dass Unternehmen mit einer klaren Vision insbesondere in Veränderungsprozessen erfolgreicher als solche ohne einen solchen Zukunftsentwurf sind,[2] so wird der Begriff gerne auch in die Nähe esoterischer oder „unwissenschaftlicher" Ansätze gerückt. In ihrem „Handbuch Zukunftsmanagement"[3] weisen Fink und Siebe auf die Herkunft des Begriffs aus dem religiösen Kontext hin, wo die „Vision" mit Gesang, Tanz und Einnahme von Drogen verbunden sein kann.

Dabei zeigen die Ergebnisse der Interviews auf, dass die Zukunftsbilder meiner Gesprächspartner eher einer klugen und einfühlsamen Sicht nach innen, einfachen Verfahren der Reflexion und einer disziplinierten Ausarbeitung zu verdanken sind – und nicht spektakulären Ritualen oder exzessiven Umständen. Als „Vision" soll hier also ein persönlich entwickeltes Zukunftsbild verstanden werden, das auch sinnliche Qualitäten hat.

FELD 5 FELD 6 FELD 7

Leitfragen können sein:

→ Welchen Sinn und Zweck verbinde ich mit meinem Leben?

→ Welche Mission oder Vision habe ich?

→ Was will ich zur Entfaltung bringen?

→ Welche Zukunft strebe ich an?

→ Was zieht mich an?

ERFOLGREICHE FÜHRUNGSKRÄFTE KENNEN IHRE MISSION – ODER AHNEN SIE ZUMINDEST

Viele der Interviewpartner haben über ihre persönlichen Visionen berichtet. Einige hatten eine klare Vorstellung, welche Aufgaben ihnen in diesem Leben – im beruflichen Bereich – zukommen. Nachfolgend einige Beispiele.

Jürgen Wehlend hat innerhalb von zehn Jahren das erfolgreichste Telekommunikationsunternehmen in Nordwestdeutschland aufgebaut, Armin Müller arbeitet als Leiter im Bereichs Innovation und Konzepte bei einem Automobilhersteller, Dieter Klages ist Inhaber eines erfolgreichen Softwarehauses. Diese drei sehr verschiedenen Führungspersönlichkeiten zeigten mir deutlich auf, worauf es offenbar ankommt: die eigene Mission oder Vision zu kennen, zumindest eine Ahnung davon zu haben, wozu man in dieser (Berufs-)Welt ist. Für Dieter Klages steht fest, dass jeder Mensch bereits als Kind weiß, was er im Leben erreichen soll. Aber dieses Wissen werde wieder verschüttet, und es bedürfe in vielen Fällen eines externen Auslösers, um die eigene Mission oder Lebensaufgabe wieder zu finden. Klages: „Das Glück ist, glaube ich, wenn Sie durch irgendein Ereignis mit einem Mal offen werden für Ihre Seele, für Intuition." Jürgen Wehlend hat – zumindest auf den ersten Blick – eine eher pragmatische Philosophie: Eine Vision oder Mission *könne* dazu gehören. Auch er hält es für möglich, dass wir noch als Kinder eine Ahnung davon haben. In seinem Erfolgsprojekt (Telekommunikation) hatte er von dem zu schaffenden Unternehmen als Geschäftsführer eine klare Vision, die sich – wie er im Gespräch mit leichter Verwunderung bemerkt – auch tatsächlich sehr weitgehend umgesetzt habe. Er betont, dass es Zeit braucht, um als Manager erfolgreich zu sein. Wehlend verweist auf ein Motto von Sergio Bambaren, das für ihn gelte: Träume es, tue es – und du schaffst es.

Armin Müller, der seit Jahren für die Entwicklung der Fahrzeuge von morgen mitverantwortlich ist, hat eine sehr klare Vorstellung seiner Mission hier auf Erden: „Ich habe schon als Kind immer Autos bauen wollen, insofern habe ich meine große Vision eigentlich realisiert." Müller kennt den Mehrwert für seinen Arbeitgeber sehr genau – und dieser basiert auf seiner Intuition. Er hat eine sehr kompakte Definition für den Begriff Selbstführung: Es ist für ihn die persönliche Ausrichtung, um in einer bestimmten Umgebung Ziele zu erreichen und andere dabei mitzunehmen und zu begeistern. Hinsichtlich seines „Kernwertes" Intuition sieht Armin Müller eine wechselseitige Verstärkung: „Die Selbstführung verstärkt die Intuition oder diese Zielvorstellung, und auf der anderen Seite prägt die Zielvorstellung auch das tägliche Geschäft." Woher kommen Intuition oder das Wissen um die eigene Mission? Zumindest für Müller gilt, dass er sich im christlichen Glauben verankert sieht.

Andere haben eine humanistische Lebensbegründung, wie sie beispielsweise von Lothar Zechlin, dem Gründungsrektor der Universität Duisburg-Essen, im Interview beschrieben wurde. Bereits früh habe er ein Bild gehabt, wollte etwas im politischen Bereich tun und gesellschaftliche Zustände aktiv beeinflussen: „Politisch wirksam sein zu wollen, das war meine Ausgangsmotivation, meine Urmotivation." Dieses klare innere Bild und Selbstverständnis war augenscheinlich prägend für alle Projekte in Zechlins beruflicher Laufbahn.

Der besondere Stellenwert einer persönlichen Vision wird in vielen Fachbüchern betont. Im Buch „Der Weg zum Wesentlichen" von Stephen Covey und anderen[4] geht es auf den ersten Blick primär um Zeitmanagement. Covey und seine Mitautoren wissen allerdings, dass zeitliche Selbstorganisation nur dann langfristig gelingt, wenn die eigentlichen inneren Motive dem Menschen bewusst sind und in Planung und Organisation Berücksichtigung finden. Im Kapitel „Die Passion der Vision"[5] leitet er mit Bezug auf Viktor Frankl ab, dass „Vision ... die deutlichste Offenbarung der Vorstellungskraft und die hauptsächliche Triebfeder menschlichen Handelns [ist]. Sie ist das Vermögen, über unsere gegenwärtige Realität hinauszublicken, etwas noch nicht Existierendes zu erfinden und zu schaffen, jemand zu werden, der wir noch nicht sind. Vision verleiht uns die Fähigkeit, nicht aus unserer Erinnerung, sondern aus unserer Vorstellung heraus zu leben."[6] Als bewusster oder unbewusster Startpunkt für das eigene Handeln betrifft dieser Bereich – hier *Vision & Mission* benannt – den Persönlichkeitskern. In seinem Konzept der *personal mastery* beschreibt Peter Senge die Eigenschaften und Haltungen, die zur Selbstführung und Persönlichkeitsentwicklung aus seiner Sicht notwendig sind: „*Personal mastery* geht über Kompetenz und Fachwissen hinaus, auch wenn sie in Kompetenz und Fachwissen gründet. Sie reicht über geistige Entfaltung oder Öffnung hinaus, auch wenn sie geistiges Wachstum voraussetzt. Personal mastery bedeutet, dass man an das Leben herangeht wie an ein schöpferisches Werk und dass man eine kreative im Gegensatz zu einer reaktiven Lebensauffassung vertritt."[7] Im weiteren Verlauf betont Senge, dass Menschen mit einem hohen Grad an *personal mastery* sich insbesondere hinsichtlich ihrer Visionen und Ziele auszeichneten: *„Diese Menschen empfinden eine Vision als Berufung und nicht nur als eine gute Idee."*[8] Für Senge reicht es nicht aus, oberflächliche Ziele oder gar materielle Wünsche zu formulieren. Für ihn geht es darum, „sich auf die tiefsten intrinsischen Bedürfnisse zu konzentrieren".[9] Und es ist nicht damit getan, diese Vision einmal aufzuspüren: *„Man muss seine wahren Ziele, seine eigenen Visionen in einem kontinuierlichen Prozess klären und immer wieder neu klären."*[10]

Nach Senge falle es vielen Menschen schwer, über ihre Vision zu sprechen, weil ihnen die Lücke zwischen der Vision und der eigenen gegenwärtigen Realität schmerzlich bewusst sei. „Diese

Lücken können eine Vision unrealistisch oder verrückt erscheinen lassen. Sie können uns entmutigen oder ein Gefühl der Hoffnungslosigkeit auslösen.“ Aber diese Lücke, so Senge, könne auch als eine „Quelle kreativer Energie“ angesehen werden. Daher nennt er diese Lücke „kreative Spannung“.[11] Er beschreibt diese Spannung im Bild eines Gummibands, das zwischen einer oberen (Vision) und einer unteren Hand (Realität) unter Spannung steht. Da Spannung nach Auflösung strebe, müsse entweder die Realität zur Vision oder die Vision zur Realität gezogen werden.

Um aus der persönlichen Vision eine Strategie im Unternehmen werden zu lassen, sind weitere Schritte nötig, wie Jürgen Vespermann, Geschäftsführer des Medizinischen Dienstes in Niedersachsen, erläutert. Er plädiert dafür, die eigenen Vorstellungen immer wieder persönlich zu überprüfen und sich regelmäßig mit kritischen und anregenden Geistern auszutauschen. „Ich denke, man kann sicherlich ständig daran arbeiten, dass man eine Strategie und Linie verfolgt, also längerfristig denkt und handelt. Auf der anderen Seite darf man daran nicht kleben, sondern man muss das im Hinblick auf die schnelllebige Zeit immer wieder auf den Prüfstand stellen. Dafür nehme ich mir Zeit und ziehe mich raus aus dem Alltagsbetrieb –, um nachzudenken, wohin die Reise gehen kann.“ Die persönliche Reflexion wird ergänzt durch einen strukturierten Austausch mit internen und externen Feedbackgebern. Es sei wichtig, so Vespermann, „Leute zu haben, die einfach Mut haben, die klar denken. Denen muss man Freiraum lassen und die muss man ernst nehmen, damit ich von ihnen Rat einholen kann“.

VISION = VER-BILDLICHUNG

Friedhelm Spiekermann, Gründer der Vermögensverwaltung Spiekermann & CO AG, bestätigte im Interview, dass eine Vision eine Spannung zwischen Ist und Soll darstellt und dass sie im Unternehmen kommuniziert und weiterentwickelt werden muss: „Ich hatte immer eine Vision, auch bei der Firmengründung. Ich habe mir eine Landkarte vorgestellt und gefragt: Wo werden wir denn gebraucht?“ Spiekermann demonstrierte anhand der heute an der Wand hängenden Landkarte, wie er diese mit Nadeln für

Standorte bestückt hatte, um dann das heutige Standort-Netzwerk zu erhalten. „Ich hatte eine Langzeitvision. Es war zunächst noch kein ausgereifter Businessplan, wie wir ihn heute haben. An diese Langzeitvisionen erinnere ich nicht nur mich und meine Mitarbeiter andauernd, sondern auch den Aufsichtsrat." Über die Vision wurde also immer wieder gesprochen; sie scheint ein Motor der kontinuierlichen Weiterentwicklung zu sein.

Wir werden im Kapitel über *Prozesse & Strukturen* noch sehen, wie wichtig Methoden der Visualisierung im Bereich der Selbstorganisation sind. Für das Feld der Vision, Mission und Zukunftsplanung bin ich in meinen Interviews immer wieder auf sehr konkrete Zielbilder gestoßen. Meine Gesprächspartner hatten zum Teil schon früh in ihrer Karriere die Vorstellung ihrer beruflichen Zukunft präzise entwickelt. Rainer Thieme, Aufsichtsratsvorsitzender der Salzgitter AG, vormals Vorsitzender der Geschäftsführung der Wilhelm Karmann GmbH in Osnabrück und früherer Aufsichtsratsvorsitzender des Auto-Zulieferers ZF in Friedrichshafen, beschrieb seine Visionen im Interview sehr anschaulich. Er habe von seiner Zukunft konkrete Zielbilder gehabt, habe sich selbst die Vorstellung ausgeprägt, an entscheidender Stelle anzukommen. „Dem bin ich auch treu geblieben, auch unter Inkaufnahme von Zwischenschritten, die mich eher zurückgeworfen haben." Dazu habe es vor allem des Mutes bedurft, „über den Tellerrand zu sehen".

Klaus Hellmann, Geschäftsführer von Hellmann Worldwide Logistics, hatte ebenfalls eine klare Vision, die er dreidimensional hat Wirklichkeit werden lassen. In einem umgebauten Firmenspeicher schuf er einen lebendigen Raum für Kommunikation unter den zahlreichen Mitarbeitern der unterschiedlichen Bereiche. Hellmann schildert bewegt, wie er sich immer gewünscht habe, dass Abteilungsgrenzen und Hierarchien wegfallen können, wenn offene Räume zur Begegnung geschaffen werden. Da niemand mehr einen festen Arbeitsplatz hat, auch nicht der Chef selbst, entsteht Bewegung, werden Kommunikation und Kreativität gefördert: „Hier in diesem Gebäude gehe ich wieder mehr zur direkten Kommunikation über, weniger E-Mail. Das ist hier ein entspanntes Arbeiten." Es ist auch für einen Besucher sofort erlebbar, dass die offene Struktur des umgebauten Speichers den Austausch durch Begegnung fördert, dass Abteilungsgrenzen aufgehoben werden. Nach Einschätzung von Klaus Hellmann würden bestimmte Konflikte unter diesen Bedingungen entweder gar nicht entstehen oder doch zumindest leichter, offener zu klären sein – ein weiterer Mehrwert des Konzepts. Der Speicher ist ein gelungenes Beispiel dafür, wie ein Bild verwirklicht wird: Die innere Vision von Klaus Hellmann hat jetzt äußere, erlebbare Gestalt angenommen.

WEGE INS INNERE

Das Konzept der Interviews, die im Regelfall maximal 90 Minuten dauerten, ließ selten genügend Zeit, um tiefer nach der Mission bzw. Vision der Führungskräfte zu fragen. Gibt es Erfolgsrezepte für Visionen? Wie schaffen sich Vorstände oder Geschäftsführer Freiräume, um die innere Mission (wieder) zu entdecken oder wach zu halten? Als gangbare Wege ins „Innere" habe ich von Ritualen des Gebets oder der Meditation gehört. Joachim Hake, Direktor der Katholischen Akademie in Berlin, erläuterte im Gespräch dezidiert, wie er als praktizierender Christ immer wieder Auszeiten und Besinnungstage nimmt. Überhaupt haben zahlreiche Gesprächspartner von hilfreichen Ritualen und Rhythmen berichtet. Hierzu zählen feste Einzelklausuren, z. B. zur Jahreswende, oder auch Einkehrwochen, ebenso periodische Planungsroutinen. Andere nutzen bestimmte Körper- und Meditationstechniken, wie Yoga, TaKeTiNa, Tai Chi oder Sport, um zu sich und zur Ruhe zu kommen. Diese Praktiken haben für viele eine spirituelle Dimension. Nahezu alle Interviewpartner haben erwähnt, dass sie eine dieser Routinen haben. Einige der Befragten setzen außerdem auf eine langjährige und intensive Zusammenarbeit mit einem Coach – als Teil des persönlichen *leadership developments*. Von den *Prozessen & Strukturen,* also auch von den im Alltag gebräuchlichen Arbeitstechniken, wird weiter unten noch die Rede sein.

Eine weitere Grundfähigkeit erfolgreicher Führungskräfte ist offenbar, dass sie *präsent* sind. Damit ist nicht die äußere Präsenz, zum Beispiel im Unternehmen, gemeint, vielmehr geht es um die innere Präsenz, die Klarheit, die Abkoppelung von alten Denk- und

Wahrnehmungsmustern. Aus den Interviews haben sich zahlreiche Hinweise auf diese praktische Fähigkeit ergeben.

Der Stellenwert, den „Präsenz" hat, wird seit einigen Jahren durch zahlreiche Veröffentlichungen deutlich, die zum Teil auch aus dem Kontext der Organisations- und Personalentwicklung stammen. Peter Senge, dessen Buch „Die Fünfte Disziplin" nach Auffassung von Fachleuten der Organisationsentwicklung ein Grundlagenwerk ist, setzt sich in „Presence. Exploring Profound Change in People, Organizations, And Society" mit eben dieser Problematik auseinander. Einer der Co-Autoren dieses Buches, der am MIT in Cambridge lehrende Deutsche Otto Scharmer, hat eine „Theory U" dazu entworfen, die die Bedeutung und die Prozesse beleuchtet; der Untertitel des gleichnamigen Buches lautet „The Social Technology of Presencing". Schaut man sich die Curricula der BWL an Hochschulen oder die Bildungsangebote etablierter Trainingsinstitute an, so ist diese Thematik bisher nur rudimentär in Europa angekommen. Dabei ist der Ansatz auf den ersten Blick nicht so spektakulär: Es geht Scharmer und anderen darum zu klären, aus welcher inneren Verfasstheit Menschen Entscheidungen treffen und wie sie ein behinderndes „Ego" aus dem Weg räumen. Das Ziel ist, sensibel zu werden für einen schöpferischen Prozess, der den zukünftigen Möglichkeiten den Weg in die Gegenwart eröffnet.

Wie Scharmer sehr anschaulich ausführt, brauchen Führungskräfte ein ganzes Bündel an sozialen, intellektuellen, emotionalen und empathischen Kompetenzen, um zum „Presencing" (als Kunstwort aus *sensing*, erspüren, und *presence*, Gegenwart) überhaupt in der Lage zu sein. Viele der von mir interviewten Führungskräfte besitzen offenbar zumindest Teile dieses Kompetenzbündels und sind fähig zur Präsenz, ob es ihnen nun bewusst ist oder nicht. Menschen wie Armin Müller bieten ein ausgezeichnetes und anschauliches Beispiel für diese Grundfähigkeit. Müller: „Ein zentrales Thema ist es, von Angst frei zu sein, Angst vor Versagen, Angst vor Misserfolg. Dadurch kann ich viel freier agieren." Und er macht auch deutlich, dass Präsenz nur gelingt, wenn man sich auf das Wesentliche fokussiert: „Ich kann mir ein Ziel vornehmen und wenn ich merke, das Ziel hat Substanz, dann kann ich das Ziel verfolgen. Wenn ich etwas Schöpferisches machen will, dann darf mich nichts treiben, sondern die Fähigkeit, die wir haben, wird mit Priorität eingesetzt, um dieses Schöpferische oder das Ziel zu erreichen." Präsent sein setzt Fokussierung, Konzentration voraus: „Diese gestalterische Situation kann nur gestört werden durch Aufgaben, die quasi nicht zum Mehrwert beitragen, sondern die man erledigen muss, damit die Organisation funktioniert. Wenn man sich aber ein Stück frei macht von solchen Aufgaben, dann ist das ganze Thema wie ein wachsendes Puzzle." Müller nutzt die Metapher des Puzzles häufig, das Bild steht für einen schöpferischen Akt, an dem auch andere Menschen aus seinem Umfeld beteiligt sind. Für ihn besteht eine direkte Verbindung zwischen dem individuellen Prozess und der Teamarbeit. Woraus schöpft Armin Müller? In seinem Aufgabenbereich kommt es auf Kreativität, auf Innovation, auf ungewöhnliches Denken an. „Ich habe eine Stimme, die mir sagt, das funktioniert", so Müller, „und dann kann ich das machen. Die Stimme, die ist hundertprozentig zuverlässig." Für ihn ist es häufig auch das Gebet, das ihm Antworten liefert, die er nach eigener Einschätzung nicht selbst gefunden hätte.

[1] ebenda, S. 178.

[2] vgl. z. B. John P. Kotter: „Leading Change", Boston 1996, S. 67ff.

[3] Alexander Fink und Andreas Siebe, „Handbuch Zukunftsmanagement", Frankfurt 2006, S. 80.

[4] Stephen R. Covey, A. Roger Merrill, Rebecca R. Merrill: „Der Weg zum Wesentlichen. Zeitmanagement der vierten Generation", Frankfurt / New York (5., durchges. Aufl. 2003).

[5] ebenda, S. 94 bezieht er sich auf den Psychologen Viktor Frankl und dessen Fragestellung, was Menschen unter demütigenden Umständen überleben ließ; Frankl selbst war Insasse in Konzentrationslagern der Nationalsozialisten und überlebte diese.

[6] ebenda.

[7] ders.: „Die Fünfte Disziplin", S. 173.

[8] ebenda, S. 175; Text auch im Original kursiv.

[9] ebenda, S. 181; Text s. o.

[10] ebenda, S. 183, Text s. o.

[11] ebenda, S. 184.

VISION & MISSION: MERKPUNKTE

→ *Meine Vision oder meine Mission zu kennen, diese zu entwickeln und nach ihr zu „navigieren", kann für mich ein Erfolgsfaktor sein.*

→ *Das Auffinden der Vision setzt für mich geeignete Verfahren und Rituale der inneren Einkehr voraus.*

→ *In der Vision kann meine persönliche Berufung zum Ausdruck kommen.*

→ *Mein eigenes Leben begreife ich als schöpferisches Werk.*

→ *Meine Vision ist nicht starr, ich überprüfe sie und entwickele sie weiter.*

VISION & MISSION: ZUR VERTIEFUNG LESEN

Peter M. Senge: *„Die Fünfte Disziplin"*
Dieses Buch ist ein Fundus zum Thema „Lernende Organisation"; es enthält eine Vielzahl von Hinweisen und Positionen, die für unser Thema der Selbstführung unbedingt lesenswert sind. Besonders möchte ich auf die Kapitel „Personal Mastery", „Mentale Modelle" und „Die gemeinsame Vision" hinweisen (alle im Teil III des Buches). Weitere Vertiefung und zahlreiche Referenzen aus der Praxis finden sich in Senge u. a.: „Das Fieldbook zur Fünften Disziplin".

Senge, Scharmer, Jaworski, Flowers: *„Presencing"*
Während Senge in dem Buch „Die Fünfte Disziplin" vor allem Teams und Organisationen im Fokus hatte, so weiten er und seine Mitautoren die Thematik auf soziale Systeme aus. Speziell von Interesse dürften im Kontext unseres Kapitels *Vision & Mission* die Teile des Buches „Presencing" sein, die sich mit der eigenen Wahrnehmung und deren Erweiterung und Vertiefung beschäftigen. Der Mitautor Otto Scharmer schließlich liefert mit Theory U weitere Grundlagen zum Thema Presencing (im Interview mit W. A. Leeb, siehe Quellen, definierte Scharmer: „Presencing ist die Fähigkeit, aus der Zukunft zu handeln, d. h. in die Zukunft vorzufühlen derart, dass das gegenwärtige Tun aus der Zukunft inspiriert wird.").

2

FELD 2

KÖRPER, SEELE, GEIST

„Selbstführung heißt zuallererst: selbst denken.

Frei nach Josef Beuys: Wer nicht denken will, fliegt raus ...“

GÖTZ W. WERNER

KÖRPER, SEELE, GEIST

Das Thema *Balance zwischen Arbeit und Privatleben* ist ein zentrales Anliegen überarbeiteter und überforderter Führungskräfte. Der Umgang mit den Bereichen Körper, Seele und Geist wird in zahlreichen Medien thematisiert, der Zulauf zu bodenständigen und eher abgehobenen Angeboten belegt die offenbar starken Bedürfnisse.

Aus Sicht des erfolgreichen australischen Unternehmers und Autors John McGrath gibt es einfache Indikatoren für die „Balance": „Du weißt, dass dein Leben in Balance ist, wenn du glücklich, finanziell abgesichert, emotional stabil, physisch fit, in Liebe zu deinen Nächsten und im Frieden mit Gott bist."[1] Anders formuliert: Die einzelnen Bereiche des Lebens, zu denen auch Körper, Seele, Geist gehören, haben spürbar die jeweils richtigen Anteile und sind erfüllt.

Die populäre Formulierung *work-life-balance* ist irreführend und wird selten hinterfragt: Findet denn Arbeit nicht „im Leben" statt? Meine Interviewpartner haben diesen Begriff zumeist gemieden, sei es bewusst oder unbewusst. Provokativ ist die Auffassung von Keith Ferrazzi[2]: „Balance is B.S. [= bullshit, BB]." Er meint, dass es eine falsche Idee sei, sich eine Gleichung zwischen dem Arbeits- und dem Privatleben vorzustellen und zu versuchen, beides zu trennen. Balance sei vielmehr eine Frage der inneren Einstellung *(mindset)*: „Wo du Freude findest, da findest du Balance."

Das Bedürfnis, die einzelnen Bereiche des Lebens in ein richtiges Verhältnis zu setzen, zeigte sich bei fast jedem Interview. Und meine Gesprächspartner betonten, dass sie bei *Körper, Seele, Geist* ansetzen, um Ausgleich zu schaffen, Ruhe zu finden, Anregung zu gewinnen. Die drei Bereiche werden angesprochen, allerdings sind die Rückmeldungen flüchtiger als zum Beispiel diejenigen zur Frage der Selbstorganisation. Dieses Kapitel bietet in diesem Kontext Vorschläge an, die sich an pragmatischen Fragen orientiert:

FELD 5 FELD 6 FELD 7

→ Welche Rolle spielt mein Körper im Kontext von Selbstführung?

→ Wie ist mein *mindset* oder meine geistige Grundeinstellung?

→ Welche Rolle spielt Spiritualität?

→ Wie finde ich Ausgleich und Entspannung?

→ Wie pflege ich meinen Körper, meine Seele, meinen Geist?

BEGEISTERUNG UND „SELBSTDENKEN"

Wenn wir in diesem Kapitel von Körper, Seele und Geist sprechen, dann ist der Begriff „Begeisterung" nicht weit. In den Interviews schlug mir viel Begeisterung entgegen, von jüngeren wie älteren Führungskräften. Alexander Schrage, in den Dreißigern und Inhaber zweier Edeka-Märkte, versprüht nicht nur im Interview, sondern auch im Umgang mit Kunden und Mitarbeitern ansteckende Tatkraft. Er hat für sich eine lebenspraktische ethische Begründung gefunden, die seinen Umgang mit anderen prägt. Wenn die Edeka-Marke jüngst mit dem Slogan „Wir lieben Lebensmittel" geworben hat, so lebt er dies als Unternehmer und Chef vor, indem er mit Hingabe die Einrichtung seines Ladens gestaltet, die Waren inszeniert, die Mitarbeiter anspornt und deren Einsatz würdigt. Für Schrage ist aber auch klar, dass die Begeisterung für das eigene Tun zwingend mit einer Selbstreflexion verbunden ist. Was er von sich und anderen erwartet, welche Form der situativen Führung er jeweils anwendet und inwieweit er seine Ziele verfolgt und erreicht, dies sind Fragen, die er „im Jahresgespräch mit mir selbst" (Schrage), im Austausch mit seinen Führungskräften und mit seinem Coach bearbeitet.

Götz W. Werner ist dafür bekannt, dass er ein begeisterter Unternehmer ist. Im Interview erläuterte er, warum das „Selbstdenken" eine zentrale Bedeutung für ihn hat: „Selbstführung heißt zuallererst: selbst denken. Frei nach Josef Beuys: *Wer nicht denken will, fliegt raus*. Er wird dann nämlich ‚von anderen gedacht'. Die Frage ist, wie gelingt es mir in meinem Leben, meine Biografie in die Hand zu nehmen. Oder anders gesagt: Wie gelingt es mir, im Sattel zu sitzen und nicht am Schwanz des Pferdes zu hängen?“ Das Entscheidende ist es, laut Werner, was wir aus unseren Talenten machen, denn das erst lässt uns zu einem Individuum, zu einer Persönlichkeit werden. Begeisterung, so zeigt sich auch im Lebenswerk von Werner, muss eingebettet sein in Reflexion über das eigene Tun. Im Gespräch erläuterte er in diesem Zusammenhang, wie wichtig ihm die abendliche Rückschau auf den Tag ist. Wir werden im Verlaufe der weiteren Kapitel noch sehen, welche besondere Rolle den Ritualen der Selbstorganisation – wie eben jener Reflexion zum Abschluss des Tages – beizumessen ist.

Das Nachdenken über die eigene Person und über die eigene Art zu führen, braucht geeignete Methoden und Instrumente – und Gelegenheiten. Thomas Hake, als Trainer und Kommunikationsberater mit eigener Agentur vor allem für andere Führungskräfte im Einsatz, leistet sich den Luxus, über Be-Geisterung und Werte in der Tiefe nachzudenken. Seine philosophisch-literarischen Seminare, die er seit über zehn Jahren für einen jeweils kleinen Teilnehmerkreis anbietet, fokussieren zentrale Führungsthemen: Wirklichkeit – Individualität – Zeit – Arbeit – Macht und Verantwortung. Nicht ohne Grund heißt die Internetadresse www.selbstdenken.de, denn es geht Hake darum, gemeinsam literarische und philosophische Quellen zu lesen, zu verstehen und auf die eigene Praxis zu beziehen. „Ich gönne mir und meinen Freunden das“, so Hake. „Es ist für mich extrem wichtig, meine Leidenschaft für gemeinsames Philosophieren und für Bücher zu pflegen und mich damit immer wieder mit meinen Wurzeln in Verbindung zu bringen. Diese Wurzeln liegen im Lesen.“

Hake schafft sich und den Teilnehmern seiner Seminare die Gelegenheiten, strukturiert nachzudenken. Unter meinen Interviewpartnern war auch Albert Sonntag, früher Vorstandsvorsitzender einer Bank und mittlerweile seit Jahren erfolgreicher Unternehmer mit einem Technologie- und Gründerzentrum („Fabrik Sonntag“). Er hat mir im Gespräch geschildert, wie wichtig es für ihn ist, Rückmeldungen zum eigenen Verhalten zu bekommen. Zudem sei aber auch die eigene Reflexion zwingend erforderlich, eine gute

Führungskraft müsse „das Buch über sich aufschlagen", so Sonntag. Er nutzt regelmäßig Seminare und Klausuren, um die eigenen Werte und Ansichten zu hinterfragen. Auch Albert Sonntag ist ein Beispiel dafür, dass es nicht nur um unternehmerische Begeisterung geht, sondern dass diese der Reflexion bedarf.

GESUNDER KÖRPER …

Mona Hedstrom, die nach einigen Karrierestufen und persönlichen Neuorientierungen seit einigen Jahren als Teamlead bei Accenture im Bereich der globalen internen IT-Organisation tätig ist, betont im Gespräch, wie wichtig es in ihrem Verständnis von Selbstführung sei, auf die Signale des eigenen Körpers zu hören: „Ein Vorteil für mich ist, dass mir bewusst ist, wenn der Körper sagt, jetzt ist genug." Mona Hedstrom hat in den Jahrzehnten des Berufslebens auch bis über die Belastungsgrenze hinaus gearbeitet, deshalb weiß sie mittlerweile, wann sie auf die Bremse treten muss: „Ich habe gelernt, loszulassen, das heißt dann auch, Arbeit abzugeben, zu delegieren. Ich gebe ab, das ist o. k., und das ist auch schön."

Auf die eigene Befindlichkeit zu achten und die körperlichen Voraussetzungen für Leistungsfähigkeit zu schaffen ist ein zentraler Aspekt. Daher ist es auch keine Überraschung, dass der überwiegende Teil der Befragten bekundet, sich sportlich zu betätigen. Eine individuell geeignete körperliche Ertüchtigung ist wichtiger Bestandteil von Selbstführung. Für Uwe Schneidewind, bis 2008 Präsident der Universität Oldenburg, spielte der Sport seit seiner Jugend eine zentrale Rolle: „Ich setze mir Ziele sowohl für den beruflichen Bereich als auch für den privaten, wobei bei mir der Umgang mit dem Körper ein wichtiger Punkt ist. Seit meiner Jugend mache ich Mittel- und Langstreckenlauf. Das Fassen sportlicher Ziele ist für mich weniger ein auf den Sport reduzierter, isolierter Punkt oder eine Äußerlichkeit, sondern es ist letztlich ein Indikator für die ganze Taktung in dem Jahr. Wenn ich also sage, ich nehme mir so und so viele Jahreskilometer vor, dann ist das für mich eher ein Sinnbild und Inbegriff des gesamten Energiezustandes, mit dem ich dann ins nächste Jahr hineingehe." Auch Boris Pistorius, Oberbürgermeister der Stadt Osnabrück, unterstreicht die hohe Bedeutung, die der Sport für ihn besitzt: „Wenn man viel um die Ohren hat, lange Tage hat, viel Abwechslung auch im negativen Sinne, dann braucht man den sportlichen Ausgleich, das ist für mich das A und O auch für die geistige Fitness." Für Pistorius liefert der Sport auch immer wieder Metaphern und Leitbilder. Ihm gehe es nicht darum, sich mit schnellem Antritt auf der Kurzstrecke zu verausgaben. Es sei viel sinnvoller, die Kräfte auf die Mittelstrecke auszurichten und dort die Erfolge zu suchen. Wenn man sich seine Führungsaufgaben und die Anforderungen an die Steuerung und Entwicklung einer Stadt vor Augen führt, dann wird deutlich, wie sehr das Bild passt.

Einzelne Befragte haben angesichts der zeitlichen Belastung durch ihre Führungstätigkeit den Sport quasi nach Hause geholt und sich ein eigenes Fitness-Center aufgebaut. „Wir haben eine ‚Muckibude' in der Wohnung, da versuche ich etwa zweimal in der Woche Sport zu treiben. Zusätzlich mache ich jeden Morgen meine gymnastischen Übungen", berichtet Barbara Graf-Reinken, Multiunternehmerin aus Hennef. Da sie neben einem Restaurant und einer Bijouterie noch andere Kleinbetriebe führt, ist es für sie wichtig, regelmäßige Zeiten für Fitness einzuplanen und sich dafür kurze Wege zu schaffen.

Für fast alle jungen und älteren befragten Führungskräfte gibt es Sportrituale. Lothar Zechlin beschreibt, wie er durch das Joggen „den Kopf frei" bekomme; Ralf Sjuts, „Leiter Ganzheitliches Gesundheitsmanagement" der Volkswagen AG, erläutert, dass er eine Zeit lang einen Personal Trainer in Anspruch genommen hat. Reemt Lükenga, Gründer und Geschäftsführender Gesellschafter der Firma „team! datentechnik", beschreibt die Ausgleichsfunktion, die sein regelmäßiges Badmintonspiel ihm bietet. Winfried Hardinghaus, Chefarzt für Innere Medizin und Ärztlicher Direktor, setzt darauf, zweimal die Woche Sport zu treiben. Wybcke Meier, in der Geschäftsleitung des Reisekonzerns Ögertours für Marketing und Vertrieb zuständig, hält einen Ausgleich durch Laufen und Fahrradfahren für unverzichtbar. Hendrik Fip, wie Lükenga in der Gruppe der noch jungen Führungskräfte zwischen Mitte zwanzig und Mitte dreißig, unterstreicht die Funktion, die der Sport für ihn hat: „Sport zum Stressabbau, das mache ich intuitiv. Zwei- bis dreimal die Woche versuche ich Sport zu treiben. Im Bekanntenkreis gibt es einige, mit denen ich mich regelmäßig zum Joggen treffe. Laufen deswegen, weil man terminlich flexibel und die Vorbereitung sehr unkompliziert ist." Für Hendrik Fip ist der Sport wichtig, um abzuschalten. Zusätzlich gilt aus seiner Sicht: „Wer körperlich fit ist, ist auch geistig leistungsfähiger und motivierter. Wenn Sie körperlich frisch sind, dann sind Sie auch eher bereit, geistig etwas zu initiieren. Auch deswegen lege ich Wert auf körperliche Betätigung."

Eine zentrale Rolle besitzt die gesunde Ernährung für die befragten Führungskräfte – zumindest theoretisch. Michael Müller, doppelt kreativ als Gartengestalter und Musiker in der Band von Götz Alsmann, berichtete von seinem Morgenritual, bei dem er sich immer „einen Berg Obst schnippelt" und auf diese Art mit einem gesunden Müsli in den Tag startet. Michael Radau hat aufgrund eigener Erfahrungen die richtige Ernährung zum Geschäft gemacht und bietet gesunde Nahrung in seiner SuperBioMarkt-Kette an.

In diesem Kontext spielt das Fasten eine Rolle, wie einige Interviewpartner unterstreichen. So berichtet Torsten Wächter: „Für mich ist das Heilfasten ein Frühlingsritual, mit dem ich mich seit über zwanzig Jahren vom Winter verabschiede. Und zwar geistig und körperlich. Das heißt auch, dass ich meine Ernährung wieder auf leichte Kost, wie zum Beispiel Salate und Früchte, umstelle." Hier haben wir eine Nahtstelle der Bereiche Körper und Geist, denn vereinzelt wurde auch von den positiven Effekten wie größerer mentaler Klarheit beim Heilfasten berichtet. Ulrich Kruthaup, Geschäftsführer der Blomberg-Klinik in Bad Laer,[3] sieht sich als praktizierender Christ, bei dem das Fasten auch dem inneren Ordnen dient. Das Interview fand in der Fastenzeit statt. „Ich bin seit mittlerweile seit 16 Jahren begeisterter Heilfasten-Anhänger", so Kruthaup. „Ich betreibe also in diesen 40 Tagen [der Fastenzeit; BB] eine Heilfastenkur. Ich nenne das ‚Frühjahrsputz des Körpers'. Das ist auch eine Entrümpelung, denn der Körper geht ja praktisch auf Sparflamme runter, wobei der Geist klar ist wie kaum zu einem anderen Zeitpunkt im Jahr."

INNERE EINSTELLUNG UND PERSÖNLICHE DENKRAHMEN

Rolf Neumann, der als Seniorchef der Pallas Group (Musik) hinsichtlich seiner Arbeitsbelastung jetzt einen Gang zurückgeschaltet hat, betonte im Interview, wie wichtig die innere Einstellung sei: „Was mir sehr hilft, ist meine positive Lebenseinstellung ... ich freue mich, wenn die Sonne scheint, bin dem Herrgott dankbar, dass ich das erleben kann. Und wenn es regnet, sage ich mir, die Blumen brauchen Regen." Wir könnten auch formulieren, dass es auf ein positives *mindset* ankommt: „Bei jeder Sache versuche ich, ihr das Gute abzugewinnen. Mit zunehmendem Alter habe ich das mehr und mehr bekommen, habe mich mehr und mehr damit befasst und es auch erreicht." Eine ähnliche Haltung äußerte auch Hans-Jörg Grundmann, CEO von Siemens Mobility. Falls man zum Beispiel im Flieger nicht zur Ruhe käme, solle man sich auf die gegenwärtige Situation einlassen: „Ärgere dich nicht, wenn du nicht schlafen kannst – liebe jede Stunde, in der du nicht schlafen musst!"

Ulrich Kruthaup betonte, dass er insbesondere auf die eigene Ausdrucksweise ankomme, denn diese wirke auf die eigene Person und auf die Mitarbeiter: „Ich bin sehr stark orientiert an sogenannter *positiver Formulierung*. Es gibt in meinen Schriftsätzen äußerst selten ein ‚nicht' oder ein ‚kein', das sind für mich Tabuwörter. ‚Worte schaffen Werte', und insofern versuche ich, positive Worte stärker zu nutzen oder meinen Wortschatz noch positiver auf- und auszubauen und Verneinungen aus meinem Leben zu streichen, denn das gibt Freiheit. Es gibt nicht Verbote, es gibt vielleicht Gebote, und das ist es auch, wo ich mich praktisch mit positiven Impulsen bewege."

Aus zahlreichen Interviews kann ich schließen, dass die innere Einstellung und damit zwingend verbunden auch der eigene Wahrnehmungs- und Denkrahmen eine entscheidende Rolle für persönlichen Erfolg darstellen. Wenn ein *mindset* vor allem eine durch Gewohnheit oder Charakter bestimmte mentale Einstellung bezeichnet und damit einen Rahmen der jeweils individuellen Wahrnehmung formt, dann lohnt es sich, den Begriff näher zu betrachten und seine Bedeutungen weiter aufzufächern.

Peter Senge, der mit seinen Werken im Kontext von Organisationsentwicklung und *change management* bekannt wurde, sieht als eine große Gefahr die falsche Grundeinstellung, das falsche *mindset*.[4] Nach Senge zeigt sich der wahre Charakter eines Zeitalters darin, wie unser Denken konditioniert wird – und unser Denken konditioniert unser Handeln. Die letzten zweihundert Jahre seien dadurch bestimmt gewesen, dass sich die Metapher der Maschine ausgeprägt habe. Wenn man das Bild einer Maschine auf das Unternehmen anwendet, so Senge, dann bestimmt diese Metapher auch unsere Art, mit dem Unternehmen umzugehen. Also heuere man einen „Mechaniker" an, der die alten Teile ausbaut und neue einbaut, um die Unternehmensmaschine wieder in Gang zu setzen.[5] Dieses *mindset* ist aber aus seiner Sicht wenig hilfreich. Er schlägt daher vor, eher das Unternehmen wie einen lebendigen Organismus zu betrachten.[6]

Als Randnotiz sei hier aufgeführt, dass der Begriff *mindset* aber auch gleich die Mission für eine ganze Geschäftsidee darstellen kann. Murat Günak, der frühere Designchef der Volkswagen AG, hat ein Unternehmen – Mindset[7] – gegründet, das in kurzer Zeit ein Null-Emissionsvehikel marktreif machen will. Im Interview mit der WELT[8] betonte Günak, dass die Veränderung der Automobilindustrie „nicht nur eine Frage der Technik, sondern auch der Mentalität" sei. Damit ist auch der allgemeine *mindset* gemeint, der eine Vereinbarkeit von Ökologie und Spaß am Automobil nicht zulasse – Günak steht mit seinem kleinen Team dafür, dass Denkrahmen auch aufgebrochen oder erweitert werden können.

Die Auseinandersetzung mit eigenen und fremden Wahrnehmungs- und Denkrahmen hat in der Selbstführung höchste Priorität. So kann mein eigenes Lernen nur dann wirkungsvoll sein, wenn ich meine eigenen *mindsets* kenne und berücksichtige. In diesem Zusammenhang heißt es auch Abschied zu nehmen von dem begnadeten Helden-Typus, den viele mit erfolgreichen Führungskräften verbinden. Der Harvard-Professor John P. Kotter[9] unterstreicht, dass das alte Modell von *leadership*, das die Fähigkeiten der Führung als göttliches Geschenk ansehe, nicht mehr gelte. In seinem Buch „Leading

Change" betont er stattdessen die Notwendigkeit des lebenslangen Lernens für eine Führungskraft. „Mental habits that support lifelong learning" – nach Kotter sind dies die Fähigkeiten,

1. Risiken einzugehen,

2. sich selbst aufrichtig zu reflektieren,

3. klare Rückmeldungen von anderen einzufordern,

4. aktiv zuzuhören sowie

5. offen für neue Ideen zu sein.

Die Bedeutung unserer individuellen Wahrnehmungs- und Denkrahmen wird auch in aktuellen Erkenntnissen der Hirnforschung bestätigt. Aus der Vielzahl der Publikationen seien Rock und Schwartz[10] genannt. Sie belegen nachdrücklich, dass das, was wir erwarten, wesentlich unsere jeweilige Wirklichkeit beeinflusst: „Kognitive Wissenschaftler finden derzeit, dass die *mentalen Landkarten* der Menschen, deren Theorien, Erwartungen und Ansichten eine viel zentralere Rolle spielen als dies bisher verstanden wurde."[11] Wir Menschen, so Rock und Schwartz, machen genau die Erfahrungen, die ihren Erwartungen entsprechen. Umso wichtiger also ist es für Führungskräfte, ihre eigenen inneren Einstellungen und Denkrahmen zu erkennen.

PERSÖNLICHE VERÄNDERUNG

In diesem Zusammenhang stellt sich auch die Frage, wie Führungskräfte für sich selbst *change management* betreiben können: Wenn ich für mich zum Beispiel fehlerhaftes Verhalten oder falsche Muster erkenne – wie kann ich mich verändern? Wie überwinde ich innere Widerstände?

„Eine Verhaltensänderung in großem Maßstab erfordert eine Änderung der mentalen Landkarten, ebenfalls in großem Maßstab", so Rock und Schwartz.[12] Hierzu sei ein besonderes Ereignis oder eine Erfahrung nötig, die es mit sich bringe, dass sich die Menschen selbst herausforderten, um letztlich ihre Ansichten und Erwartungen viel schneller und dramatischer zu ändern, als sie dies normalerweise tun würden.[13] In den Interviews habe ich häufiger feststellen können, dass besondere Ereignisse der Auslöser nicht nur für Verhaltensänderungen, sondern auch für persönliche Kursänderungen waren, die letztlich zur Findung der eigenen Mission führte. Wie oben im Kontext von Dieter Klages kurz erwähnt, kann es auch zum „Wiederfinden" der eigenen Bestimmung kommen.

Zur Veränderung des eigenen Verhaltens raten Rock und Schwartz den Führungskräften, keine Energie auf die problematischen Verhaltensweisen zu verwenden. Stattdessen sollten sie sich darauf konzentrieren, neue Verhaltensweisen auszuwählen und für sich auszuprägen. Dies schaffe auf die Dauer neue, dominante Verbindungen im Hirn. Dies gelinge insbesondere dadurch, eine fragende Haltung sich selbst gegenüber einzunehmen, die sich auf Lösungen fokussiere und die eigene Einsicht fördere.[14] Ich kenne zahlreiche Fälle, bei denen es einschränkende, behindernde Verhaltensweisen und Einstellungen gibt, die die Klienten gerne überwinden würden. Alan Deutschmans Buch „Change Or Die"[15] zeigt die Bedingungen auf, unter denen Wandel – auch und gerade persönlicher Wandel – möglich ist. Er untersucht Erfolgsbeispiele aus unterschiedlichen Feldern: Herzpatienten, bei denen es eine Frage von Leben oder Tod ist, ob sie ihre Gewohnheiten dauerhaft ändern, Kriminelle, die erstmals aus ihrer Abwärtsspirale ausbrechen, Unternehmen wie IBM, die gerade wegen ihrer früheren Erfolge zu drastischen Veränderungen gezwungen werden. Deutschman macht drei wesentliche Schlüsselfaktoren für erfolgreiche, nachhaltige Veränderungen aus: *Relate, Repeat, Reframe.*

Unter „relate" versteht er die Unterstützung durch externe Personen, die vor allem Hoffnung vermitteln. Es gehe primär darum, eine neue, emotionale Beziehung zu einer Person oder Gemeinschaft herzustellen, die inspirierend wirke und die eigene Hoffnung fördere.

„Repeat", der zweite Schlüsselfaktor, betont die Notwendigkeit des Wiederholens, des Trainings: Die neue Beziehung helfe dabei, die erforderlichen neuen Verhaltensweisen und Fähigkeiten zu lernen, zu wiederholen und letztlich zu beherrschen.

Schließlich geht es unter dem Stichwort „Reframe" darum, die neu gelernten Verhaltensweisen oder Einstellungen so zu verinnerlichen, dass sie fest verankert werden. Man denkt in einem neuen Rahmen und gerade in der Formelhaftigkeit liegt die Chance, sich das Neue zu merken. „Reframe" ist nach meiner Coachingerfahrung eine hilfreiche Methode. Wie Rock und Schwarz betont auch Deutschman, dass neue Verhaltensweisen wiederholt werden müssen. Zu oft scheitern Verhaltensänderungen, weil sie nicht ausreichend häufig eingeübt und damit *engrammiert,* also im Hirn eingeprägt wurden.

An dieser Stelle sei kurz erwähnt, dass natürlich auch meine Interviewpartner sich keineswegs für „ausentwickelt" hielten. Vielmehr haben sie im Rahmen des teilstrukturierten Interviews auf die Fragen nach den Schwächen auch selbstkritisch Veränderungswünsche und Veränderungsbedarf benannt. Hier waren es vor allem die älteren, etablierten Vorstände und Geschäftsführer oder die bereits pensionierten Führungskräfte, die offen Bedauern über versäumte Gelegenheiten oder falsche Schwerpunkte äußerten. Ganz oben auf der Liste standen:

→ mehr Zeit für die Familie oder den Partner

→ mehr Zeit für enge Freunde

→ Verzettelung beim Zeitmanagement

→ Entscheidungsschwierigkeiten

→ nicht Nein sagen können

→ zu viel aufbürden

→ zu viel Druck aufs Umfeld

→ zu perfektionistisch

→ zu „weich" / inkonsequent

→ sich für unentbehrlich halten

→ mangelnde Balance zwischen Arbeitsleben und Familie etc.

→ nicht abschalten können

→ Ungeduld

→ mangelnde Disziplin

Was in den Interviews nicht vertieft wurde, ist die Frage, wie die Führungskräfte ihre eigene Wahrnehmung überprüfen. Zwar haben meine Gesprächspartner häufiger von Austauschgesprächen auf verschiedenen Ebenen, von selbst eingefordertem Feedback und von kritischer Selbstüberprüfung berichtet, aber ich habe im begrenzten zeitlichen Rahmen der Interviews nicht nachfassen können, welche theoretischen und praktischen Konzepte zugrunde liegen könnten.[16]

Die eigene Wahrnehmung kann sich auf physiologische Prozesse beziehen, aber auch auf die Wahrnehmung der eigenen Befindlichkeit. Wenn, wie oben mit Rock und Schwartz beschrieben, Menschen genau das erfahren, was sie erwarten zu erfahren, dann stellt diese Prämisse auch eine Herausforderung für das Fühlen, Denken und Handeln von Führungskräften dar. Deepak Chopra hat es so beschrieben: *Das Bewusstsein ist von seinen eigenen Kreationen überzeugt ...*[17] Wie können wir den Realitätsgehalt dessen, was wir wahrnehmen, überprüfen? Ein besonderer Aspekt ist *Achtsamkeit.*

Für Ralf Gasche, Coach und Berater, ist es die Erfahrung aus dem ersten Berufsleben, die ihn heute besonders achtsam macht. Er hatte am eigenen Leib erfahren, wie sich ein Burn-out-Syndrom anfühlt. Seither ist er ein Vorbild für Selbstreflexion und Selbstsorge. Er ist „bei sich" und kann deshalb als Business-Coach für andere da sein. Für Gasche gibt es den Viererschritt der Achtsamkeit: von der *Selbstzuwendung* über die *Selbstakzeptanz* zur *Selbstsorge* und von da zur tiefen *Selbstliebe.* Auch für ihn ist die Weiterentwicklung ein essenzieller Trieb. „Im Begriff der Achtsamkeit steckt sehr viel, genau genommen alles, was wirklich wichtig ist. Das ist zum einen *achtsam sein,* im Sinne von achten, auf mich achten, auf das achten, was ich tue – und gleichzeitig aber auch im Sinne der Achtsamkeit, dann *etwas zu tun,* eine selbstfürsorgliche Handlung, die folgen muss." Das ist manchmal nicht einfach und kostet Mut. Für ihn ist es ein permanentes Ritual, sich zu überprüfen: „Ich habe drei Bereiche – Körper, Seele, Geist –, die ich immer abscanne: Wie geht es mir körperlich? Was fühle ich auf der emotionalen Ebene? Bin ich ausgelastet oder mute ich mir gerade sogar zu viel zu? Vernachlässige ich einen Bereich? Diese Fragen sind zentral, die Analyse sozusagen als Ausgangspunkt für die Selbstführung."

Grafik nach: Ralf Gasche

Für Gasche ist dies „die Basis von allem. Ich möchte stets in der Lage sein, über den Weg der Reflexion und Achtsamkeit eine realistische Situationsbeschreibung erstellen zu können; letztlich in jeder Stunde, Minute und Sekunde meines Lebens; eine wichtige Voraussetzung, um mich gut fühlen zu können und von dort aus dann selbstverantwortlich zu handeln." Auf die Interviewfrage, wie er sich motiviere, antwortete Ralf Gasche übrigens: „Gar nicht – ich *bin* motiviert. Das Einzige, was wir tun müssen, ist alles aus dem Weg zu räumen, was unsere von Natur aus sowieso vorhandene innere Motivation behindert. Ich schaue, was wirklich wichtig für mich ist und tue, was ich liebe ... dann passiert der Rest von allein."

ÄSTHETISCHES LEBEN UND FLIESSGLEICHGEWICHT

Führungskräfte räumen hinter vorgehaltener Hand durchaus ein, dass sie sich häufig wie in einem Hamsterrad fühlen und ständig mit Rückschau und Zukunftsplanung beschäftigt sind. Was auf der Strecke bleibt, ist die Konzentration auf das, was im Moment zu tun ist. Vor Jahren habe ich dieses Phänomen auf einer Neujahrskarte thematisiert, die ich an Kunden und Freunde verschickt habe. Auf ihr stand nur ein Satz: „Wie komme ich da hin, wo ich schon bin?" Im Grunde geht es bei der Fähigkeit, präsent zu sein, genau um dies: Ich bin hier und es ist jetzt. Eckart Tolle[18] beschreibt seine Beobachtungen dazu in einem Interview:

„Ich genieße es, nach New York oder Los Angeles zu reisen, da scheinen die Leute nämlich völlig verstrickt zu sein. Einmal habe ich in New York aus dem Fenster geschaut. Wir waren gerade mit einer Gruppe neben dem Empire State Building. Draußen waren die Leute in unglaublicher Eile, ja, sie rannten beinahe. Alle waren anscheinend in einem Zustand von intensiver Nervosität, Ängstlichkeit. Es ist Leid, aber man erkennt es nicht als Leid. Und ich dachte bei mir, wo rennen die alle hin? Selbstverständlich rennen alle der Zukunft entgegen. Sie müssen irgendwo hinkommen, wo nicht hier ist. Es ist ein bestimmter Zeitpunkt: nicht jetzt – dann. Sie laufen einem dann hinterher."[19]

Dieter Klages spricht in unserem Interview über seine eigenen Wege, um zum Beispiel durch Autogenes Training zu Entspannung, Konzentration und damit zur Präsenz zu gelangen. Einen anderen Ansatz hat Michael Müller. Als Gartengestalter kann er sich völlig in sein jeweiliges Projekt oder Thema versenken; da er zudem Musiker in der Band von Götz Alsmann ist, könne er bei der Musik und den zahlreichen Auftritten „super abschalten" und sich dadurch konzentrieren. Er zählt ebenfalls zu denen, die ihre Visionen umsetzen, und offenbar gelingt es ihm, sich jeweils völlig zu fokussieren, eben *präsent* zu sein.

Hans-Jörg Grundmann hält im Gespräch ein klares Plädoyer für *Balance* als wesentliches Merkmal der Selbstführung. In der Definition von Selbstführung sieht er drei Felder, um die es im Wesentlichen gehe: „Es ist eine Frage der Balance zwischen Familie, Beruf und eigenen Interessen." Grundmann unterstreicht die Notwendigkeit, ein Interesse für Familie und Freunde wach zu halten, die Personen dies auch spüren zu lassen und ihnen Raum zu geben. Für den beruflichen Bereich gehe es primär um die richtige Prioritätensetzung. Den dritten Bereich, die eigenen Interessen, assoziiert er mit dem Begriff „Seelenspektrum". Darunter versteht er insbesondere Bereiche wie „Musik, Theater, Kunst, Kultur, über spirituelle Dinge bis hin zu sportlichen Dingen, körperlichen Dingen". Im Gespräch mit Grundmann kam dieser Bereich mir wie das „ästhetische Leben" vor: „Ich habe ganz bewusste Dinge, die ich pflege. Ich lese, wenn ich lesen kann, ich spiele Geige, wenn ich Geige spielen kann, ich besuche kulturelle Veranstaltungen mit meiner Frau –, dass ich auch diesen Raum für solche Dinge habe." Hinsichtlich der dafür notwendigen Selbststeuerung betont er, dass er sehr pünktlich seine Arbeitstage anfange und pünktlich aufhöre.

Reinhard Rohn ist ein anderes Beispiel für ästhetisches Leben und das Ringen um Balance. Er ist im Hauptberuf Verlagsleiter im Berliner Aufbau Verlag. Während diese Tätigkeit primär die Auseinandersetzung mit den Ergebnissen der Kreativität anderer ist, hat er, quasi im Nebenberuf, einen eigenen ästhetischen Output, denn er ist selbst Autor von Kriminalromanen (die er in anderen Verlagen veröffentlicht).

Zum Kreis der Personen, die nicht selbst Führungskraft in einer Organisation, aber dennoch „führende Kräfte" sind, zählt die Dänin Lotte Darso. Sie lehrt an der Aarhus Universität in Dänemark und hat Feldforschung betrieben, indem sie herausragende Führungskräfte und Künstler nach dem Einsatz von Kunst in Unternehmen und Organisationen befragt hat. Im Ergebnis ist daraus ein Buch – „Artful Creation – Learning Tales Of Arts-In-Business" – entstanden, das anhand von Erfolgsbeispielen aufzeigt, wie die Kraft, die der Kunst und der Kreativität innewohnt, für Unternehmen genutzt werden kann. Die Autorin lebt vor, was sie schreibt, und führt ein facettenreiches, von ästhetischer Fülle, Kommunikation und Reflexion geprägtes Leben. Sie findet, wie sie mir im Gespräch erläuterte, ihre Balance immer wieder dadurch, dass sie sich zur individuellen Selbstüberprüfung für einige Tage in ihr abgelegenes Landhaus zurückzieht.

Ähnliches gilt auch für Gabriele Fischer, die als Chefredakteurin des Wirtschaftsmagazins *brand eins* stark von der Konzeption und Produktion des monatlich erscheinenden Heftes geprägt wird. Als sie bemerkte, dass sie für sich einen Rückzug aus der Redaktionshektik benötigte, um fokussiert zu arbeiten, beschloss sie, einen Tag in der Woche zu Hause zu bleiben. „Und so bin ich dienstags immer zu Hause, weil ich gerne Tage haben möchte, an denen ich kein Telefonat, keine Termine habe, an denen ich mir leisten kann, einfach nur auf dem Sofa zu sitzen und rumzudenken oder ein Buch zu lesen, das natürlich etwas mit dem Job zu tun hat, aber zu dem ich sonst nicht komme. Das ist mittlerweile ein Teil meiner Struktur geworden. Ich habe das Prinzip in diesem Jahr jetzt noch einmal intensiviert und drei Blöcke eingerichtet, an denen ich jeweils drei Tage zu Hause bin, also drei Intensivtage, an denen ich tatsächlich auch mal die Möglichkeit habe, etwas überlaufen zu lassen." Darso, Fischer und andere zeigen auf, dass kreative und konzeptuelle Arbeit Rückzugsräume braucht und, damit untrennbar verbunden, klare zeitliche Strukturen mit einer Abkoppelung von normalen alltäglichen Geschehen.

Balance tut also doch not? Es ist offenbar etwas anderes als Balance, es ist dynamischer und eher wie ein Fließgleichgewicht, und nicht etwa ein statischer Zustand, den es zu erreichen gilt. Meine Interviewpartner schaffen vielmehr das Kunststück, mit den wichtigen „Bällen" zu jonglieren, sie also „oben zu halten". Die

Lebensinhalte, die einem Menschen wichtig sind, müssen immer wieder in ein Gleichgewicht gebracht werden, das als ausgeglichener Zustand angestrebt wird –, wenngleich es immer wieder durch Einflüsse von außen und durch eigene Aktionen destabilisiert wird.

[1] John McGrath. „You inc.", Sydney 2003, S. 81; Übersetzung BB, im Original: *„You know your life is in balance when you're happy, financially secure, emotionally stable, physically fit, loving to your fellow man and at peace with god."*

[2] Keith Ferrazzi: „Never Eat Alone", S. 286.

[3] Die Blomberg-Klinik wurde jüngst als eines von fünfundzwanzig Unternehmen ausgezeichnet („Beste Arbeitgeber Deutschlands im Gesundheitswesen 2009").

[4] in: FAST COMPANY Magazine, Boston, Ausgabe Mai 1999, S.178ff; vgl. zur gesamten Thematik auch: derselbe et al.: The Dance of Change, New York 1999.

[5] vgl. ebenda.

[6] vgl. ebenda, S. 184.

[7] siehe www.mindset.ch.

[8] DIE WELT 26.11.2008, online im Internet unter: http://www.welt.de/welt_print/article2782951/Eine-Frage-der-Mentalitaet.html, Stand: 17.01.2009.

[9] ders.: Leading Change, Harvard Business School Press: Boston 1996, S. 183.

[10] David Rock und Jeffrey Schwartz: „The Neuroscience of Leadership", in: strategy + business, online: www.strategy-business, 27.12.06; Übersetzung BB, Originaltext: *„Cognitive scientists are finding that people's mental maps, their theories, expectations, and attitudes, play a more central role in human perception than was previously understood."* Und, weiter unten: *„People experience what they expect to experience"*.

[11] ebenda, kursive Wörter wie im Original ausgezeichnet.

[12] ebenda, im Original: *„Large-scale behavior change requires a large-scale change in mental maps"*.

[13] vgl. ebenda.

[14] vgl. ebenda.

[15] Alan Deutschman: „Change Or Die", New York 2007.

[16] vgl. dazu auch das Kapitel *Prozesse & Strukturen*, in dem besondere Aspekte dieser Thematik noch einmal aufgegriffen werden.

[17] im Original: *„Consciousness is convinced by its own creations."*

[18] Tolle ist ein spiritueller Lehrer, der insbesondere durch Oprah Winfreys „Book Club" enorme Popularität und verdiente Aufmerksamkeit erlangt hat.

[19] Interview mit Eckhart Tolle von Andrew Cohen, online im Internet unter: http://www.allbroker.de/etolle.htm, Stand: 03.10.2008.

KÖRPER, SEELE, GEIST: MERKPUNKTE

→ **Begeisterung:** *Inspiration oder Begeisterung ist eine Grundlage, damit ich mit meinen Talenten ans Werk gehen kann.*

→ **Körper:** *Mein körperliches Bewusstsein und meine körperliche Kondition stellen eine weitere Grundlage dafür dar, dass ich meine Ziele angehen kann.*

→ **mindsets:** *Ich reflektiere meine Denkmuster und meine inneren Einstellungen, weil diese mein Denken und Handeln beeinflussen.*

→ **Veränderung:** *Für eine nachhaltige Weiterentwicklung benötige ich Achtsamkeit, förderliche Bedingungen und wiederholtes „Engrammieren".*

→ **Dynamisches Gleichgewicht und Vielfalt:** *Das, was mir wichtig ist, bringe ich immer wieder in einen Ausgleich.*

→ **Rückzug:** *Ich koppele mich ab und nehme mir eigene Zeit – und verteidige diese.*

KÖRPER, SEELE, GEIST: ZUR VERTIEFUNG LESEN

Wilber et al.: *„Integral Life Practice"*

Das Anliegen von Ken Wilber ist es, die verschiedenen Wissenssysteme aus Vergangenheit und Gegenwart, „Ost" und „West" auszuwerten, um lebenspraktische Ansätze zur persönlichen Entwicklung aufzuzeigen. In diesem (bisher nur auf Englisch erschienenen) Buch bietet er einen verständlichen, integrierenden Ansatz. Dieser umfasst die Bereiche des „Seelenlebens", in dem *shadow work* zu tun ist, also die konkrete Arbeit an Blockaden, Traumata und Störungen, den Bereich des Bewusstseins, in dem die Grundlagen der eigenen Selbstwahrnehmung und die mindsets hinterfragt werden, den Bereich des Körpers, den es zu entwickeln und zu stärken gilt, und den Bereich der geistigen bzw. spirituellen Entwicklung.

Tolle, Eckhard: *„Eine neue Erde"*

Es ist bezeichnend, wie Tolle trotz der medialen Aufmerksamkeit, die ihm die Talkmasterin Oprah Winfrey verschafft hat, bescheiden geblieben ist. Als spiritueller Lehrer gelingt es ihm in seinen Büchern, in zurückhaltender und gelassener Art zum Nachdenken und zur Einkehr aufzufordern.

Bruce Lipton: *„Intelligente Zellen: Wie Erfahrungen unsere Gene steuern"*

Der Biologe Lipton zeigt auf, wie sich unser Denken und unsere Gefühle zellbiologisch auf unseren Körper auswirken können – und macht damit gleichzeitig deutlich, wie notwendig es ist, achtsam mit dem eigenen Denken und Fühlen umzugehen.

Daniel Pink: *„Unsere kreative Zukunft" (im Original: „A Whole New Mind")*

Pink, der sich in einem früheren Buch („Free Agent Nation") bereits mit neuen Berufbildern und -welten auseinandergesetzt hat, legt mit diesem Buch dar, wieso wir unser Gehirn ganzheitlich nutzen müssen, um uns den zukünftigen Herausforderungen stellen zu können. Er bietet kurzweilige Anregungen, liefert Quellen zur Vertiefung und regt zu eigenen Übungen an.

FELD 5 FELD 6 FELD 7

3

FELD 3

FÄHIGKEITEN & SELBSTENTWICKLUNG

„Ich muss mich immer wieder in Frage stellen können, muss Kritik einholen, indem ich offen frage bei den Leuten, die auch eine offene Antwort geben."

BORIS PISTORIUS

FÄHIGKEITEN & SELBSTENTWICKLUNG

Albert Hawighorst, mit sechzig Jahren ein Senior Manager der Duni Poland, hat gegen Ende seiner beruflichen Laufbahn nicht nur sein Englisch gründlich aufpoliert, sondern lernt, seitdem er ein Werk in Polen aufbaut, auch noch Polnisch. In meinen Augen ist er ein Musterbeispiel für das, was als „lebenslanges Lernen" bezeichnet wird. Aber für ihn ist es kein Zwang, Neuland zu betreten, er ist vielmehr aus sich selbst heraus neugierig und motiviert, die Grenzen seiner Fähigkeiten immer weiter hinauszuschieben. Damit ist er der Prototyp eines erfahrenen Managers, für den Selbstführung immer auch die eigene Weiterentwicklung enthält. Im Verlauf dieses Kapitels werde ich weitere Beispiele vorstellen.

Es ist offensichtlich, dass der Bereich der eigenen Fähigkeiten und Fertigkeiten, also das, was im angloamerikanischen Raum als „skills & abilities" benannt wird, eine zentrale Rolle für die Führung der eigenen Person spielt. Umso mehr muss es überraschen, dass eine systematische Analyse der eigenen Anlagen bei Schülern vor dem Berufsleben eher selten stattfindet. Junge Führungskräfte in größeren Organisationen durchlaufen später zumeist *Assessment Center* (ACs) oder ähnliche Verfahren und bekommen dann, durch externe Analyse und Rückmeldung, ein Außenbild der festgestellten Fähigkeiten (und Unfähigkeiten).

Was ist im Umfeld der Frage nach der Selbstführung unter *Fähigkeiten & Selbstentwicklung* zu verstehen? Im Wesentlichen sind die vorhandenen und/oder zu entwickelnden persönlichen Fähigkeiten im Kontext der eigenen Führungsaufgabe gemeint. Weiterhin steht das darauf aufsetzende Lernen im Fokus. Leitfragen sind hierzu:

→ Welche Talente und Fähigkeiten habe ich?

→ Was ist in mir, was ich entfalten will?

→ Was kann ich wie weiterentwickeln?

→ Wo stehe ich mit meinen Fähigkeiten im Vergleich zu anderen?

Angesichts der knappen Zeit, die für die meisten Interviews zur Verfügung stand, konnte selten eine vertiefende Diskussion der jeweils vermuteten eigenen Fähigkeiten und Fertigkeiten unternommen werden. Hinzu kam, dass viele Gesprächspartner in der Reflexion über Felder wie Selbstwahrnehmung, Selbstvertrauen und Lernfähigkeit sehr schnell wieder auf die Führung anderer zu sprechen kamen. Dennoch legen die Interviews nahe, dass ein klares Wissen um die eigenen Anlagen, die persönlichen Stärken und Schwächen eine Grundvoraussetzung darstellt, um als Führungskraft wirksam und erfolgreich zu sein.

SCHLÜSSELFÄHIGKEITEN – WAS MAN KÖNNEN SOLLTE

Welche Talente werden heute von Führungskräften erwartet? Welche „Schlüsselfähigkeiten“ sind zu nennen? Fredmund Malik schlägt vor, keinesfalls von der „idealen“, sondern von der „wirksamen Führungskraft“ zu sprechen.[1] Malik weiter: „Der Schlüssel zu den Leistungen wirksamer Menschen – der Performer – liegt in der Art *ihres Handelns.* Nicht wer diese Leute waren, war entscheidend, sondern wie sie handelten.“[2] Für das Verständnis von Selbstführung ist diese Aussage von Malik wichtig. Die Ergebnisse stehen im Vordergrund, wichtigstes Kriterium ist die *Wirksamkeit* des Handelns. Wenn es auch nicht den Idealtypus geben mag, so habe ich bei aller Unterschiedlichkeit doch Muster erkennen können. Neben den Instrumenten und Methoden des Managements, die Malik akzentuiert, haben *mindsets, mentale Modelle* und notwendige innere Einstellungen für Führungskräfte eine zentrale Bedeutung (vgl. das Kapitel *Körper, Seele, Geist*). Im Folgenden werde ich Fähigkeiten vorstellen, die offenbar Schlüssel für eine gelingende Selbstführung darstellen.

Was macht eine „gesunde Führungspersönlichkeit“ aus? Manfred Kets de Vries betont Eigenschaften und Fähigkeiten wie persönliche Verantwortungsübernahme, Wahrnehmung der eigenen

Gefühlswelt, Selbstbeherrschung, die Fähigkeiten, mit Enttäuschungen leben zu können, Beziehungen aufzubauen und aufrechtzuerhalten.[3] Für Goleman und seine Co-Autoren[4] sind es vor allem Selbstwahrnehmung, Selbstmanagement, soziales Bewusstsein und Beziehungsmanagement. Auch für Weinert[5] gibt es Grundfähigkeiten, die er im Kontext von „Schlüsseldimensionen des Leistungsverhaltens" erörtert. Aus der Sicht der Arbeits- und Organisationspsychologie spielen die folgenden Punkte eine wesentliche Rolle:

→ (Selbst- und Fremd-)Wahrnehmung
→ Kontrolle über das eigene Verhalten
→ Selbstwertschätzung
→ Selbstwirksamkeit
→ Selbststeuerung
→ Umgang mit Emotionen
→ Kognitiver Stil einer Person
→ Umgang mit Risiko[6]

Rainer Nahrendorf hat in seinem Buch „Der Unternehmer-Code"[7] nach den Faktoren gesucht, die zum Erfolg bei Gründern und Familienunternehmern beitragen. Er hat zahlreiche Führungskräfte für direkte Gespräche gewonnen, um die „Kernkräfte des erfolgreichen Unternehmers" herauszufinden. Nahrendorf fokussiert sich auf die „Stillen Stars" des Mittelstands und ermuntert mit seinem Buch dazu, aus diesen Beispielen zu lernen und sich anspornen zu lassen: „Unternehmerisches Denken muss gefördert und der Wille zur Selbstständigkeit gestärkt werden."[8] Er fasst die zentralen Eigenschaften eines erfolgreichen Unternehmers wie folgt zusammen:[9]

→ Leistungsmotivstärke
→ Unabhängigkeitsstreben
→ Power
→ Machbarkeitsüberzeugung
→ Chancenorientierung
→ Kreativität
→ Risikobereitschaft
→ Ungewissheitsresistenz
→ Emotionale Stabilität

FELD 5 FELD 6 FELD 7

→ Beharrlichkeit
→ Belastbarkeit
→ Problemlösungskompetenz
→ Entscheidungsstärke
→ Durchsetzungsstärke

Wir können diese Eigenschaften den Schlüsselfähigkeiten zuordnen. Nahrendorf kommt damit zu ganz ähnlichen Ergebnissen wie meine Studie.

SELBST- UND FREMDWAHRNEHMUNG

Die Fähigkeit zur Interaktion, das In-Frage-Stellen der eigenen Person, überhaupt: die Bereitschaft zum offenen Gespräch – das scheinen doch ganz offensichtlich Eigenschaften von erfolgreichen Führungskräften zu sein. Oder etwa nicht? Die Darstellung von Topmanagern, die eine Bruchlandung hingelegt haben, legt einen anderen Schluss nahe. Im Manager Magazin[10] wurde im Artikel *Absturz der Superstars* „eine Pathologie des Managementversagens in fünf Krankheitsbildern" aufgezeigt: „... ihre Bodenhaftung hatten sie längst verloren. Kaum einer, der sein Handeln selbstkritisch überprüft hätte. Zu sehr glaubten sie an ihre eigene Großartigkeit. Unterstützt von Ja-Sagern, hielten sie stur an ihren Überzeugungen fest. Und pflegten so ihre Hybris, bis sie der Sonne zu nahe kamen – und abstürzten." Es fehle, so die Quintessenz des Artikels, ein wirksames organisatorisches und menschliches Korrektiv: „... die Selbstreflexion, der sich ein integrer Mensch bisweilen unterzieht, gilt unter Führungskräften nachgerade als Karrierekiller."

Das eigene Können weiterzuentwickeln bedarf allerdings nicht nur der Selbstreflexion, sondern auch der Rückmeldung von anderen. Drastisch fordert dies der amerikanische Coach Marshall Goldsmith ein. Wenn er mit Führungskräften im Rahmen eines Coachings arbeite, so verbringe er häufig mehr Zeit mit dem Umfeld – also den Kollegen und Mitarbeitern des Gecoachten – als mit diesem selbst.[11] Nur so gelingt es nach Goldsmith, vom Umfeld eine ungeschönte Rückmeldung zu bekommen und, darüber hinaus, dieses Umfeld auch bei Veränderungsprozessen aktiv zu beteiligen.

Wenn wir dieses Wort Reflexion aus dem Lateinischen – „zurückbeugen“ – ableiten, wird deutlich, dass es sich um einen aktiven Prozess handelt. Boris Pistorius, Oberbürgermeister von Osnabrück, betont, dass in seiner Definition von Selbstführung die Reflexion der eigenen Person ein integraler Bestandteil ist: „Ich muss mich immer wieder auch in Frage stellen können, muss Kritik einholen, indem ich offen frage bei den Leuten, die auch eine offene Antwort geben.“ Es geht ihm um das gezielte Einholen von Feedback, um auch solche Schwächen zu erkennen, die der Selbstwahrnehmung entzogen sind.

Susanne Höhn, Leiterin der Goethe-Institute in Italien, fordert von ihren Mitarbeitern ein intensives Gruppenfeedback zu ihrem Führungsstil und zu ihrem Verhalten ein. „Das Wichtigste ist dabei, ein emotionales Fundament und Vertrauen herzustellen“, so Höhn im Gespräch. Man müsse Hilfe akzeptieren, ebenso Fremdwahrnehmung auf- und annehmen. Die Basis dafür sei gutes Zuhören. „Ich muss lernen, mit anderen Lebenskonzepten, die meinen nicht entsprechen, leben zu können. Und zwar derart, dass ich diese Persönlichkeit in ihrer Ganzheit dennoch lieben und schätzen kann.“

Albert Sonntag hebt hervor, dass für ihn die Feedbackprozesse, die er in seiner Bankenkarriere erlebt hat, noch heute – nach Jahrzehnten – von Bedeutung sind. Einige der 360-Grad-Bewertungen[12] wirken nach, insbesondere, so Sonntag, die Auswertungsgespräche mit Psychologen; sie hätten ihm wichtige Außenwahrnehmungen vermittelt.

Selbstvertrauen und das Vertrauen, das man anderen entgegenbringt, sind miteinander verknüpft – das wurde mir im Gespräch mit Wilhelm Robben deutlich. Er war bis zum Frühjahr 2009 Generalbevollmächtigter der RWE AG und ist jetzt, in seinen Sechzigern, selbst unternehmerisch tätig. Robben sieht die Notwendigkeit, Werte selbst vorzuleben. Er rät dazu, unbedingt bei der Wahrheit zu bleiben, sonst verspiele man Vertrauen. Auch er plädiert dafür, aktiv das Feedback von Vorgesetzten und Mitarbeitern einzuholen. Aus eigener Erfahrung wisse er, wie wichtig der informelle Umgang mit Mitarbeitern sei. In diesem Zusammenhang schilderte er eine Aktion aus der Zeit, als er noch bei einem großen

Stahlwerk im Management tätig war. Dort krempelten Manager und Arbeiter gemeinsam die Ärmel hoch, um das Gelände aufzuräumen, eine der zahlreichen Aktionen, die zur Gesundung des Unternehmens beigetragen haben. Interaktion umfasst daher solche Facetten wie Vertrauen, Feedback, oder auch wertschätzenden Umgang mit Mitarbeitern. Ich sehe hier eine Verbindung zwischen Selbst- und Fremdvertrauen: Einerseits gelingt auf der Basis eines positiven Selbstvertrauens und Selbstwertgefühls eine offene, vertrauensvolle Kommunikation mit dem anderen; andererseits fördert diese Kommunikation auch das eigene Selbstwertgefühl.

SYSTEMATISCHE SELBSTANALYSE

„Ich glaube, dass eine Erkenntnis der eigenen Stärken und Schwächen essenziell ist, das ist für mich eigentlich die Basis. Wenn man sich der eigenen Stärken und Schwächen nicht bewusst ist, wird es sehr schwerfallen, in der eigenen Selbstführung voranzukommen." Diese klare Position vertritt Harald Seidler, Führungskraft bei Alcon Pharma. Er favorisiert standardisierte Instrumente der Analyse. Zum Zeitpunkt des Interviews kam er gerade von einem 360-Grad-Feedbackgespräch aus den USA zurück und berichtete, dass ihm dieses Verfahren aufgezeigt habe, wo er noch Entwicklungspotenziale habe. Über eine solche Methodik, so Seidler, erfahre man, wie die Wahrnehmung der anderen sei.

Eine systematische Analyse der eigenen Persönlichkeit und insbesondere der kognitiven Prozesse wird nicht nur als wiederkehrendes Instrument der Führungskräfteentwicklung, sondern insbesondere in Einstellungsverfahren genutzt, zum Beispiel mit dem Ansatz, Persönlichkeitstypen zu bestimmen. So berichtet das Manager Magazin von einer Studie, in der die Personalberatung Heidrick & Struggles vier Typen von Managern definiert: „... den *Lerner,* den *Denker,* den *Ausführer* und den *Visionär.*"[13] Wie schon Weinert feststellt[14], sind Typologien grundsätzlich kritisch zu betrachten. Zum einen könne man keine stringenten Verbindungen zwischen Typenzugehörigkeit und beruflichem Erfolg herstellen, zum anderen seien Typen auch nicht über die gesamte Lebensentwicklung hinweg stabil.

Die von mir interviewten Personen haben zumindest einige Jahre, viele sogar Jahrzehnte Führungserfahrung. Bei diesen Personengruppen kommt es im Wesentlichen darauf an, parallel zur eigenen Karriere immer wieder die eigenen Fähigkeiten zu betrachten und einer Prüfung zu unterziehen:

→ Habe ich die Fähigkeiten, die ich im jetzigen Stadium meiner Karriere benötige?

→ Befinde ich mich im Bereich meiner Stärken?

→ Welche Lernerfolge habe ich erzielt?

Wesentlich für Selbstführung sind deshalb die Erstermittlung der spezifischen, zum Beispiel fachlich relevanten Fähigkeiten und Talente und deren turnusmäßige Überprüfung. In meiner Arbeit mit Führungskräften unterschiedlichen Alters habe ich immer wieder auf das Standardwerk zur Berufssuche – „What Colour Is Your Parachute?“ (deutsch: „Durchstarten zum Traumjob“) von Richard Nelson Bolles – zurückgegriffen. Bolles spricht von „übertragbaren Fähigkeiten“, also denjenigen „Fähigkeiten / Gaben / Talenten“, die sich auch im realen Berufskontext einsetzen lassen. Für ihn lautet eine der zentralen Fragen: „Welche Fähigkeiten setze ich am liebsten ein?“[15] Aber wie finde ich das heraus? Bolles liefert in seinem sehr praxisbezogenen Buch ein einfaches Instrumentarium, das auf Selbstanalyse aufbaut. Er rät zunächst, Geschichten zu schreiben „über etwas, das Sie aus reiner Freude an der Sache, aus Abenteuerlust oder aus persönlichem Ehrgeiz getan haben“.[16] Aus der Analyse der Geschichten sind dann die schon erwähnten „übertragbaren Fähigkeiten“ abzuleiten, die Bolles als in drei Kategorien einteilbar sieht: körperliche, geistige und zwischenmenschliche Fähigkeiten.

Im Anschluss bietet er für die drei Kategorien drei Anleitungen zur jeweiligen Analyse („Ich kann gut ... Informationen sammeln oder erschaffen ...“). Die Geschichten – er rät dazu, sieben davon zu schreiben – bieten Hinweise auf Talente, Gaben oder Fähigkeiten. Diese Spuren müssen im Verfahren von Bolles dann priorisiert werden und bieten, nachdem die Schritte der Analyse durchlaufen sind, eine belastbare Aussage zum „Können".

Bei den Interviews bin ich einige Male auf ähnliche Verfahren gestoßen, mit denen sich Führungskräfte in einem mehrtägigen Prozess selbst analysiert haben. Lothar Röwer, Geschäftsführender Gesellschafter eines Betriebes für Sicherheitstechnik, berichtete vom sogenannten Helfrecht-Seminar, das er bereits 1987 besucht hatte. Er habe dort nicht nur grundlegende Planungstechniken für die persönliche Zielsetzung gelernt, sondern eben auch eine systematische Analyse der eigenen Persönlichkeit durchgeführt. Auch Dieter Klages, Dieter Köster und Ulrich Kruthaup haben solche Seminare durchlaufen.[17]

Die Methodik wird in mehrtägigen Veranstaltungen vermittelt und direkt von den Teilnehmern angewendet. Die Planungssystematik besteht aus mehreren, aufeinander aufbauenden Plänen (Lebens-, Perioden-, Jahres-, Monats-, Tagesziele). Ulrich Kruthaup erläuterte, dass er das System schätze, weil es ineinandergreifende Planungsebenen habe: „Sie heben ab vom Jahr auf das Quartal auf den Tag ... ich projiziere die Jahresplanung, die ich für das Unternehmen mache, in mein persönliches Planungssystem." Auch Kruthaup hat sich im Kontext eines Seminars einer systematischen Selbstanalyse unterzogen.

Es gab und gibt andere ähnliche Ansätze zur Selbststeuerung, allerdings verfügt die Helfrecht-Methode im deutschsprachigen Raum offenbar über die größte Kontinuität (vgl. auch die Hirt-Methode[18]). Es war auffällig, wie stark diese Methodik bei einigen Interviewpartnern noch viele Jahre und Jahrzehnte später nachwirkt. Lothar Röwer erläutert, dass er sich jedes Jahr für zwei Tage zur Planung zurückzieht und dabei die seinerzeit erlernten Schritte in den Grundzügen noch heute durchgeht. Da ich im Kapitel *Prozesse & Strukturen* noch auf Methoden zur Arbeitsorganisation eingehe, will ich es an dieser Stelle mit den genannten Aspekten bewenden lassen.

Eine wichtige Erkenntnis für eine wirksame Selbstführung liegt in jedem Fall darin, dass ein Wissen um die eigenen Potenziale, insbesondere um die konkreten Fähigkeiten, bei einer

Führungskraft vorhanden sein muss. Hierzu bedarf es, wie erläutert, einer strukturierten Selbstanalyse. Dies kann aber nur die Basis sein. Der Lebenslauf wird es mit sich bringen, dass „alte" Fähigkeiten an Nutzen verlieren und neue entwickelt werden müssen.

SELBSTDISZIPLIN UND EIGENSTEUERUNG

Daniel Goleman und seine Co-Autoren kommen zu dem Schluss, dass der bedeutsamste Ausdruck von Verantwortung „die Kontrolle der eigenen Stimmung" sei.[19] Sie verweisen auf die ursprüngliche Bedeutung des Begriffes „cool", der auf afroamerikanische Jazzmusiker zurückgeht. Diese verarbeiteten ihre Wut über den Rassismus in den damaligen Jahren in ihrer Musik. Sie verfügten über Selbstbeherrschung und -kontrolle, blieben „cool".

Die Fähigkeit zur *Selbstdisziplin* nennen sehr viele meiner Gesprächspartner als einen zentralen Bestandteil von Selbstführung. Volker Jungeblut, Geschäftsführer der filofax GmbH, nennt im Interview diese Eigenschaft an erster Stelle. Er baut seine persönlichen Ziele auf Selbstdisziplin auf: „Ich bin ziemlich ehrgeizig, was meinen Zeitrahmen und meine Ziele angeht – ich gebe nicht so schnell auf." Diese Einstellung ist offenbar eine wesentliche Fähigkeit für die Steuerung der eigenen Person, sie bildet – wie auch Selbstbeherrschung – eine der Voraussetzungen, um das eigene Verhalten an die Anforderungen einer Situation anzupassen. Ingo Burkardt, Geschäftsführer einer Online-Beratungsfirma, weiß um die Notwendigkeit, sich selbst steuern zu müssen, bevor es um die Führung anderer geht. Eigensteuerung ist für ihn ganz deutlich auch die eigene Strukturiertheit, die sich dann in der Planung der Arbeit wiederfindet. Wie im Kapitel *Prozesse und Strukturen* noch im Detail gezeigt wird, kommt es bei der Eigensteuerung auch auf geeignete Methoden und Instrumente an. Burkardt gehört zu denen, die sich an klare und einfache Rituale halten, wie zum Beispiel die Planung des Tages am Vorabend.

Eigensteuerung kann, so lernte ich im Gespräch mit dem Trainer und Berater Konrad Rump, sogar der bewusste Verzicht auf eine pedantische Zielorientierung sein. Ihm seien seine „Ziele abhanden gekommen". Rump: „Nicht mehr das Ziel *größer – höher*

– *weiter*, sondern es geht, im buddhistischen Sinne, um das ‚Hier und Jetzt'. Und das ist gut, denn ich kann in der Regel bei meinen Kontakten viel präsenter sein." Rump hat sich ein eigenes spirituell-philosophisches Leitbild geschrieben, das sich auch auszugsweise in seinen unternehmerischen Leitsätzen wiederfindet. Ihn interessiert dabei primär herauszufinden, von welchen Einstellungen, von welchen Werten er geleitet wird.

LERNFÄHIGKEIT: LERNEN ALS LEBENSEINSTELLUNG

Gabriele Fischer betont im Gespräch, dass sie mit Vorliebe Leute einstelle, die schon Tiefschläge überwunden haben. Entsprechend antwortet sie auf die Frage, wie denn eine Führungskraft ihre Selbstführung verbessern könne: „Sich relativ früh in Situationen bringen, in denen man scheitern kann." Lernen heißt in diesem Zusammenhang, Niederlagen einzugestehen, anzunehmen und in das eigene Leben zu integrieren. „Echtes Lernen", so Peter Senge[20], „berührt den Kern unserer menschlichen Existenz. Lernen heißt, dass wir uns selbst neu erschaffen. Lernen heißt, dass wir neue Fähigkeiten erwerben, die uns vorher fremd waren. Lernen heißt, dass wir die Welt und unsere Beziehung zu ihr mit anderen Augen wahrnehmen. Lernen heißt, dass wir unsere kreative Kraft entfalten, unsere Fähigkeit, am Schöpfungsprozess teilzunehmen. In jedem von uns steckt eine tiefe Sehnsucht nach dieser Art von Lernen."

Susanne Höhn berichtet bei unserem Interview in Rom auch von ihrer Lern- und Lebensphilosophie: „Ich bin jemand, der versucht, seinen Geist auch anders zu schulen – das heißt für mich, dass ich an zwei Tagen in der Woche zum Beispiel eine neue Sprache lerne." – Derzeit ist es Arabisch. Die geistige Anregung durch diesen Lernprozess ist für Höhn wichtig. Das korrespondiert mit ihrer inneren Einstellung, „nie stehen zu bleiben, sich immer in Frage zu stellen, nie zurückzulehnen und zu sagen: Ich habe es geschafft". Bei nachlässigem Hinhören könnte der Eindruck entstehen, dass hier eine Getriebene spricht. Das ist nicht der Fall, denn Höhn lebt auch vor, wie man sich selbst loben und fördern kann. Lernen basiert für sie auf einem klaren Selbsterkenntnisprozess, auf periodischen und auch anlassbezogenen Analysen des eigenen Denkens und Wirkens. Wie Albert Hawighorst verkörpert auch Höhn den Typus der etablierten und erfahrenen Führungskraft, die sich der Notwendigkeit des Wandels bewusst ist. Beiden gemeinsam ist auch, dass sie eine innere Lust verspüren, sich Herausforderungen zu stellen. Und für beide fußt das Lernen auch auf der Auseinandersetzung mit persönlichen Schwächen oder Defiziten.

Margarethe Schmidt Sonntag, die sich über Jahre vor allem als „Lebensunternehmerin" verstanden hat, vollzieht seit einigen Jahren einen radikalen Lernprozess. Zunächst aus der Unternehmenswelt (Hewlett Packard) kommend, war sie anschließend jahrelang als Coach erfolgreich tätig und forderte sich bis an die Belastungsgrenze. Vor einigen Jahren startete sie einen Transformationsprozess und begann eine Ausbildung als sogenannter *TaKeTiNa – Rhythm Facilitator*. Sie lernte, loszulassen, den Körper als (Musik-)Instrument zu begreifen und den eigenen Rhythmus zu erfahren. „Ich habe durch die rhythmische Arbeit, auch durch die Lebenserfahrung gelernt, zu warten, innezuhalten – und darüber freue ich mich wie ein Kind. Schnelligkeit, Geschwindigkeit oder Tempo, das war schon lange ein Thema in meinem Leben. Ich denke, was sich da extrem verändert hat, ist die Qualität der Unterschiedlichkeit in den Tempi, das hat eine höhere Aufmerksamkeit bekommen. Langsamkeit hatte ich mit Langeweile oder Faulheit gleichgesetzt und das auch abgewertet." Nach längerer Ausbildung nutzt sie nun die eigenen Erfahrungen und das neu erlernte rhythmische Wissen, um mit Gruppen und Individuen an deren eigenen Wachstumsprozessen zu arbeiten: „So schnell wie nötig und so langsam wie möglich, das erlebe ich jetzt in meiner Selbstführung. Und mit dieser Einstellung kann ich andere führen." Es gehe um die individuell angemessene Geschwindigkeit, die für eine lernende Persönlichkeit gerade nötig sei.

[1] vgl. Fredmund Malik: „Führen. Leisten. Leben“, Frankfurt/New York 2006, S. 36.

[2] ebenda, S. 38.

[3] vgl. das Interview in Harvard Business manager, Hamburg, April 2004, S. 62ff.

[4] vgl. Goleman et al.: „Emotionale Führung“, S. 314ff.

[5] vgl. Weinert, Ansfried B.: „Organisations- und Personalpsychologie“, Weinheim 2004 (5., vollst. überarb. Auflage), S.138 ff.

[6] ebenda; Weinert betrachtet zusätzlich zwei Persönlichkeitstypen („Typ A und Typ B“) hinsichtlich ihrer Wirksamkeit; wird hier weggelassen. BB.

[7] Rainer Nahrendorf: „Der Unternehmer-Code. Was Gründer und Familienunternehmer erfolgreich macht“, Wiesbaden 2008.

[8] vgl. ebenda, S.7f bzw. S. 14.

[9] vgl. ebenda, S. 201f.

[10] Manager Magazin 6/2008.

[11] vgl. meinen BLOG bb21 (http://bb21.de/archives/31).

[12] Es sei an dieser Stelle vermerkt, dass das Instrument auch Gegner hat (z. B. Sprenger). BB

[13] Manager Magazin 4/2008, S. 160.

[14] vgl. Weinert, a.a.O., S. 147.

[15] ders., vgl. S. 160 ff.

[16] ebenda, S. 325.

[17] Die Helfrecht-Methode wurde u. a. auch von Jens Kettler und Michael Radau als relevant für die eigene Selbstführung genannt; ich habe sie vor über zwanzig Jahren selbst erlernt. BB

[18] www.hirt-institut.ch/

[19] Goleman et al., a.a.O., S. 72.

[20] ders., Die Fünfte Disziplin, S. 24.

FÄHIGKEITEN & SELBSTENTWICKLUNG: MERKPUNKTE

→ **Gegenwartsklarheit:** *Ich weiß, wie ich vollkommen präsent sein kann.*

→ **Selbst- und Fremdwahrnehmung:** *Ich bin in der Lage, mich und meine Umgebung angemessen wahrzunehmen, und ich kenne meinen kognitiven Stil.*

→ **Selbstbewertung:** *Ich kenne meine Stärken und Schwächen (Fähigkeiten, Talente, Gaben), und ich kann mein eigenes und fremdes Verhalten erfassen und adäquat einschätzen.*

→ **Selbstwertschätzung:** *Ich habe eine positive Einstellung zu mir und meinem Leben, und ich kann mit Frustration umgehen.*

→ **Eigensteuerung:** *Ich habe die Kontrolle über mein Verhalten und meine Emotionen und kann angemessen agieren und reagieren; ich bin in der Lage, mein Verhalten zu steuern.*

→ **Soziale Interaktionsfähigkeit:** *Ich bin in der Lage, soziale Beziehungen aufzubauen und aufrechtzuerhalten, und ich hole mir aktiv Rückmeldungen zu meinem Verhalten ein.*

→ **Veränderungs- und Lernfähigkeit:** *Ich bin in der Lage, veränderte Bedingungen zu schaffen oder mich veränderten Bedingungen anzupassen; ich weiß, wie ich lerne und nutze die entsprechenden Methoden.*

FÄHIGKEITEN & SELBSTENTWICKLUNG: ZUR VERTIEFUNG LESEN

Richard Nelson Bolles: *„What Color Is Your Parachute?"*

Der Klassiker von Richard Nelson Bolles ist im Original mittlerweile in der 7. Auflage erschienen (auf Deutsch: „Durchstarten zum Traumjob. Das Bewerbungshandbuch für Ein-, Um- und Aufsteiger"). Dieses Buch kann Menschen tatsächlich dabei unterstützen, ihre wahre Bestimmung zu finden.

Goleman, Boyatzis, McKee: *„Emotionale Führung"*

In der Einleitung zu diesem Buch schreiben die Autoren: „Die grundlegende Aufgabe von Führungskräften besteht darin, in den Menschen, die sie führen, positive Gefühle zu erzeugen." Folglich widmen sie sich den emotionalen Aspekten von Führung, was im Kontext von Selbstführung zahlreiche Anknüpfungspunkte für Reflexion hervorbringt. Basierend auf teilweise jahrzehntelangen Forschungsarbeiten liefern die Autoren für die Praxis von Führungskräften nutzbare Erkenntnisse – in lesbarer Form.

Fredmund Malik: *„Führen Leisten Leben"*

Wenngleich schon häufiger erwähnt, soll hier insbesondere auf Teil II dieses Grundlagenwerks hingewiesen werden: Grundsätze wirksamer Führung.

4

FELD 4

PARTNER, MITARBEITER & NETZWERK

„Ich bilde mir nicht ein, dass ich alles selbst machen muss."

BURKHARD WELLER

PARTNER, MITARBEITER & NETZWERK

Erfolgreiche Führungskräfte haben eine Vorstellung davon, was ihre persönlichen Schwerpunkte sein sollten, und worauf sie sich persönlich konzentrieren wollen. Sie wissen, dass sie nicht alles selbst tun können und deshalb definieren sie, wo welche Unterstützung nötig ist. Sie brauchen Partner, Mitarbeiter und ein Netzwerk. Dieses Feld in meinem Modell der Selbstführung ist den engen Beziehungen der Führungskraft gewidmet. Das Thema ist nicht Mitarbeiterführung, wenngleich die Grenze zwischen beiden Feldern nicht immer sauber zu ziehen ist. Vernetzung und Kooperation sind auf und zwischen allen Ebenen gefragt. In vielen Unternehmen ist Teamwork auch in der Spitze gefordert: Vorstände oder Geschäftsführer müssen ergänzende Fähigkeiten und Eigenschaften haben, um gemeinsam maximal wirksam zu sein; Netzwerke unterstützen die einzelne Führungskraft, versorgen sie mit Informationen und bieten zusätzliche Feedbackmöglichkeiten; *support teams* im persönlichen Umfeld wie Familie, Freunde, Förderer bieten einen Ruhepol und ein Korrektiv; periodische Rollen- und Auftragsklärungen helfen der Führungskraft dabei, den eigenen Platz – oder auch neue Plätze – zu finden und einzunehmen.

Leitfragen können sein:

→ Welche Beziehungen brauche ich, um meine Mission / Vision zur Entfaltung zu bringen?

→ Inwieweit bin ich zu (beruflichen) Partnerschaften in der Lage?

→ Beherrsche ich die Grundvoraussetzungen für die Arbeit in Netzwerken?

→ Wie baue ich mein persönliches *support team* auf?

→ Welche Unterstützung benötige ich von außerhalb?

STRATEGISCHE BEZIEHUNGSPFLEGE: NETZWERKEN

„Ich glaube, dass Frauen sich besser organisieren können als Männer und dabei klarere Prioritäten setzen. Männer hingegen sind bessere Netzwerker, denn das ist eine Sache, die extrem Zeit kostet – Netzwerken frisst Zeit, die Frauen nicht haben. Deswegen sind Frauen auch in vielen Positionen noch nicht vertreten. Inzwischen sehen die Frauen, dass auch sie Netzwerke brauchen, aber die Frauen-Netzwerke werden nie Golf-Netzwerke sein." So äußerte sich Dagmar Sikorski-Großmann, Geschäftsführerin der Internationalen Musikverlage Hans Sikorski, Hamburg, und sie war damit die Einzige unter meinen Gesprächspartnern, die diesen Punkt im Detail erörterte. Das Thema Netzwerken spielt in der Management-Presse und -literatur eine immer wichtigere Rolle. Insbesondere in englischsprachigen Büchern ist in den letzten Jahren vor allem das *relationship management* ein zentrales Thema. Typisch hierfür ist Keith Ferrazzis Bestseller zum beruflichen Netzwerken („Never Eat Alone"[1]). Ferrazzi ist geradezu besessen von Aufbau und Pflege seines Netzwerks,[2] er rät dazu, das eigene Netzwerk nach klaren Gesichtspunkten in Kategorien einzuteilen.

Hier sind seine fünf generellen Kategorien:[3]

Kategorie 1: Persönlich – hier finden sich enge Freunde und gute Bekannte

Kategorie 2: Kunden potenzielle Kunden

Kategorie 3: Potenzielle Kunden

Kategorie 4: Assoziierte Kollegen: Kollegen und Partner, mit denen er im beruflichen Kontext immer wieder zu tun hat und haben will

Kategorie 5: Erfolg versprechende oder förderliche Kontakte *(aspirational contacts)* – solche Leute, die er in diesem Kontext kennenlernen will, oder mit denen er die Beziehung vertiefen will.

Von einer derart konsequenten Weise des Aufbaus, der Strukturierung und der Verfolgung von Beziehungen habe ich in keinem der Interviews gehört. Das heißt umgekehrt allerdings nicht, dass ein taktisches Herangehen von den Gesprächspartnern ausgeschlossen worden ist. Da aus meiner persönlichen Sicht diese Form der „Beziehungsarbeit" allerdings Bestandteil der Selbstführung sein sollte, gehe ich auf diesen Punkt kurz ein. Bei Ferrazzi fand ich auch den Verweis auf Margaret Wheatleys Position, die in dem Aspekt der Beziehung *(relationship)* den zentralen existenziellen Faktor sieht. Alles im Universum existiere, so Wheatley, weil es in Beziehung zu etwas anderem stehe, nichts existiere in Isolation. Und sie appelliert an uns, nicht länger vorzugeben, dass wir Individuen wären, die ihren Weg allein machen.

Nicht nur für Ferrazzi ist *relationship management* eine strategische Angelegenheit, bei der er in seinem professionellen Ansatz nichts dem Zufall überlässt. Anders, aber ebenfalls radikal ist der Ansatz von Tim Sanders. Der Titel seines Buches bringt es zum Ausdruck: „Love is the killer app"[4], wenngleich der Begriff *killer application* aus der Softwarewelt stammt und dort ursprünglich eine durchschlagende, zum Erfolg führende Technik oder Anwendung meinte. Für Sanders ist Liebe der zentrale Weg, sich von der Konkurrenz zu differenzieren. Ähnlich wie Ferrazzi sieht Sanders in der Förderung anderer den zentralen Hebel, denn Liebe sei die selbstlose Förderung des Wachstums des anderen.[5] Wir finden den Ansatz, dass Erfolg vor allem auch der Erfolg der anderen ist, später auch noch in den Äußerungen zum siebten Feld der Selbstführung, in dem es um Ergebnisse und den Mehrwert des eigenen Handelns geht.

ROLLEN- UND AUFGABENKLÄRUNG IM PRIVATEN KONTEXT

Um die eigene Wirksamkeit sicherzustellen, bedarf es der geeigneten Ergänzung – diese Erkenntnis hörte ich von vielen Gesprächsteilnehmern. Was aber ist eine geeignete Ergänzung, vor allem: Was soll denn ergänzt werden? Ich habe im Kapitel *Fähigkeiten &*

Selbstentwicklung von der Notwendigkeit geschrieben, die eigenen Fähigkeiten, Stärken und Schwächen zu kennen und sich immer wieder einer Selbstüberprüfung zu unterziehen. Auf der Basis einer solchen Analyse kann auch ermittelt werden, ob die Konstellationen im Arbeitskontext optimal und gedeihlich sind.

Eine zentrale Rolle für nahezu alle Gesprächspartner, die sich dazu äußerten, spielte in diesem Zusammenhang die Ehe- oder Lebenspartnerschaft oder die Familie. Ich habe bereits darauf hingewiesen, dass einige der Befragten, insbesondere der älteren Führungskräfte, ihr Bedauern darüber geäußert haben, dass sie die Schwerpunkte in ihrem Leben einseitig zugunsten des Berufs gelegt hätten. Andererseits gibt es aus meiner Sicht auch einige Vorbilder, die sich aktiv um ihren privaten Kontext – die Familie, die Partner, die Freunde – kümmern und bewusst auf einen Ausgleich achten. Susanne Höhn, die im Rahmen ihrer Tätigkeiten für die Goethe-Institute schon mehrfach den Arbeitsplatz und das Land gewechselt hat, weiß um den besonderen Wert, den sie ihrer Familie zukommen lassen will: „Die Familie ist mein Gerüst, auf das alles aufbaut, das ist auch das Wichtigste in meinem Leben. Bei Tiefschlägen weiß ich, dass ich sehr weich aufgefangen werde." Dass ihre Familie sie „natürlich auch permanent in Frage stellt und auf meine Schwächen sehr intensiv hinweist", ist für sie vollkommen in Ordnung. Susanne Höhn erläuterte im Gespräch, dass sie einen „ungewöhnlichen Mann" an ihrer Seite habe, der sie in ihrer Lebensplanung und Karriere wie auch bei der Erziehung ihrer zwei Kinder unterstütze.

Dagmar Sikorski erläuterte im Interview, dass sie „vier Leben" habe: Sie sei Musikverlegerin, Lobbyistin, Ehefrau und Mutter – vier gleich starke Säulen. Selbstführung bedeute für sie daher auch, „dass keine der vier Säulen sich vernachlässigt fühlt, ich muss jedem das Gefühl geben, dass ich weiß, was in seinem Bereich läuft und dass ich jeweils präsent bin". Für sie gehe es dabei „immer um Qualität, bei allem was sie tue, nicht um Quantität". Sie fühlt sich dabei wie die „Tellerdreher im Zirkus", kommt ein Teller ins Schlingern, fallen alle. Im Gegenzug erfahre sie auch einen Halt: „Es ist unheimlich wichtig, dass die Familie und das soziale Umfeld intakt sind, sodass man sich sicher fühlen kann, dass man als der, der man ist, angenommen wird.“ Dagmar Sikorski ist mit dem RWE-Lenker Jürgen Großmann verheiratet. Angesichts der Komplexität dieses Lebenskonzeptes mit den vier Säulen betont sie, dass sie immer ihre eigenen Schwerpunkte gesetzt und nicht einen Tag zu arbeiten aufgehört habe, trotz ihrer drei Kinder.

Für die Wissenschaftlerin und Buchautorin Lotte Darso gab es den Weg, sich zeitweise vom Familienkontext abzukoppeln: „Als ich noch kleine Kinder hatte, bin ich etwa zweimal im Jahr für ein Wochenende in eine Auszeit gegangen, um über das eigene Leben zu reflektieren. Ich musste herausfinden, wo ich bin, wo ich sein will, wohin ich gehe und was ich dafür tun kann.“[6] Im Rahmen einer aktiven Rollen- und Aufgabenteilung ist die wiederholte persönliche Reflexion eine Voraussetzung, wie Lotte Darso aufzeigte. Aber auch einige der männlichen Gesprächspartner favorisierten die hohe Bedeutung des familiären Umfelds, welches beispielsweise Wilhelm Robben als Ruhepol und Kraftquelle beschrieb. Dabei unterstrichen sie auch die Notwendigkeit der Pflege der Partnerschaft.

Erfolgreiche Führungskräfte beiderlei Geschlechts haben ihr privates *support team,* das wird aus den Gesprächen deutlich. Dieses Team besteht aus denjenigen, auf die sie zählen können, die sie auf ihrem Weg begleiten, zeitweise führen und immer unterstützen. Bill George beschäftigt sich in seinem Buch „True North“ näher mit diesem Erfolgsfaktor.[7] In seinem Modell spielt das Unterstützerteam – neben den Punkten Selbsterkenntnis, persönliche Motivation, Werte und „integriertes Leben“ – eine wesentliche Rolle. Aus den Interviews weiß ich, dass die Führungskräfte mit zunehmender Hierarchiestufe immer seltener eine ehrliche Rückmeldung erhalten. Umso wichtiger, ein *support team* zu haben, das dafür sorgt, „in der Realität gegründet“[8] zu bleiben. „Ihr Unterstützerteam beginnt damit, zumindest eine Person in Ihrem Leben zu haben, bei der Sie vollkommen offen und verwundbar – mit allen Fehlern und Schwächen – sein können und dennoch bedingungslos geliebt werden“, so Bill George.[9] Nach seiner Auffassung dürften die meisten Führungskräfte diese engste Beziehung zu ihrem Ehe- oder Lebenspartner haben; allerdings könne dieses Verhältnis auch zu einem anderen Familienmitglied, einem engen Freund oder vertrauenswürdigen Mentor bestehen.

Häufig wird die Notwendigkeit, im familiären und freundschaftlichen Umfeld gegründet zu sein, von den Befragten betont. Uwe Schneidewind dazu: „Dieser ganze Kontext Beziehung, Familie, Kinder, Freunde spielt eine wichtige Rolle, denn die Rückkoppelung in die Selbstführung, die Verankerung in den privaten Bereich halte ich für ein Schlüsselelement." Er hebt auch hervor, dass sich aus seiner Sicht derzeit in Partnerschaften „eine bunte Breite an spannenden Modellen" entwickele – „die Muster sind vielfältig".

TEAMWORK IN DER ORGANISATIONSSPITZE

Zwar habe ich in der Mehrzahl Führungskräfte interviewt, die allein an der Spitze ihrer Organisation standen, aber es gab auch einige Geschäftsführer oder Vorstände, die in der Leitung einen ebenbürtigen Partner hatten. Für Andreas Sandmann, Geschäftsführer des Anlagenbauers PURPLAN, hat die Kooperation in der Unternehmensleitung etwas von einer „guten Ehe". „Das muss die ideale Ergänzung sein, insbesondere Charaktere, die sich ergänzen. Mein Partner in der Geschäftsführung und ich sind unterschiedliche Typen und jeder nimmt den anderen ernst." Je nach Organisationsform kann es um Teamwork in einer zwei- oder mehrköpfigen Unternehmensspitze gehen. Auch hier ist eine Rollen- und Aufgabenteilung gefordert, damit sich die jeweilige Führungskraft auf die Dinge konzentrieren kann, bei denen sie am wirkungsvollsten ist. Manfred Hülsmann, Vorstandsvorsitzender eines regionalen Energieversorgers, beweist im Führungsalltag ebenfalls Teamwork in der Zusammenarbeit mit dem Vorstandskollegen. Für ihn ist es ein Grundsatz, auf der Basis des Selbstvertrauens auch Vertrauen in andere – den Kollegen, die Führungskräfte, die Mitarbeiter – zu setzen: „Man muss es schaffen, dass sein Gegenüber auch wirklich Vertrauen hat, sich öffnet und dass er bereit ist, nicht nur über Fachliches, sondern auch über persönliche Sachen miteinander zu reden." Für Hülsmann gründet sich diese Einstellung auf frühe eigene Erfahrungen, die er in Leitungsfunktionen in der kirchlichen Jugendarbeit gewonnen hat, wie er im Interview erläuterte. Er habe vor allem durch die Unterstützung anderer gelernt.

Ein besonderer Aspekt liegt in der Zusammenarbeit zwischen der Führungskraft und deren Nachfolger, insbesondere in einem Familienbetrieb. Holger Neumann, Geschäftsführer der Pallas Group im niedersächsischen Diepholz, hat die Leitung des Medienproduzenten in nunmehr dritter Generation übernommen. Sein Vater Rolf ist zumindest zeitweise noch im Betrieb, hat dem Sohn aber weitgehend die Führung in die Hände gelegt. Dennoch schätzt es der Junior, dass er einen engen Austausch mit seinem Vater pflegen kann. Er ist sich bewusst, dass er von dessen Erfahrungen profitieren kann. Die Problematik, dass ein Junior sich nicht im Familienunternehmen entfalten kann, weil der Senior die Zügel nicht aus der Hand geben will, haben beide frühzeitig bearbeitet: „Das ist das Handicap, wenn ein Senior meint, er muss mitmischen, bis er umfällt und der Junior sich dementsprechend nicht entwickeln kann. Genau diese Problematik haben wir damals hier besprochen, weil ich gesagt habe, wenn ich in das Unternehmen reingehe, will ich nicht von Beruf Sohn sein, sondern ich möchte hier alles machen, was jeder andere hier auch gemacht hat. So habe ich das alles gelernt, und nach und nach hat er dann immer mehr Aufgabenbereiche an mich übergeben. Und ich konnte mich dementsprechend entwickeln." Entscheidend für die erfolgreiche Übergabe von Verantwortung, so Holger Neumann, waren die Bereitschaft und die Fähigkeit zum Gespräch: „Wenn irgendwo Diskrepanzen waren, Uneinigkeiten, hat man sich zusammengesetzt, sofort drüber gesprochen." Wie mir in einem anderen Gespräch auch der Senior bestätigte, haben beide immer die Klärung über das schnelle Gespräch gesucht.

Aus meiner Beratungspraxis und durch den Austausch mit Kollegen weiß ich, dass die Zusammenarbeit von Führungskräften auf der ersten Ebene eine vielfach heikle Angelegenheit ist. Allzu schnell wird von *teamwork* oder *team spirit* gesprochen, was sich bei näherer Analyse als nicht haltbar erweist. Stellvertretend für die Skeptiker, die eine unkritische Bejahung von Teamarbeit verurteilen, sei hier Fredmund Malik genannt:

„Weil Teamarbeit so häufig geworden ist, ist sie auch eine Quelle von Ineffizienz geworden. Viele ‚Teams' sind gar keine; es sind nur Gruppen. Sie werden unüberlegt zusammengestellt; man durchdenkt zu wenig, wer mitwirken soll und wer nicht; Aufgabe

und Arbeitsweise werden schlampig formuliert; die Ziele werden häufig zu wenig präzise definiert.“[10]

Wir sprechen vielfach wie selbstverständlich von Teamwork – was ist eigentlich ein Team? Aus der Fülle der Definitionen stütze ich mich seit Jahren auf die Eingrenzung von Haug[11], der zusammenfassend vorschlägt, *team* als Begriff für eine *außergewöhnliche Gruppe* zu setzen,[12]

→ die durch die Vereinigung der persönlichen Stärken aller Mitglieder auch unter erschwerten Bedingungen außerordentlich erfolgreich ist,

→ in der durch ein ausgeprägtes Verantwortungsbewusstsein aller Mitglieder und deren Bereitschaft, ihre persönlichen Ziele dem Teamziel unterzuordnen, eine hartnäckige Zielorientierung vorherrscht,

→ in der sich die Mitglieder gegenseitig so anspornen, dass ein Synergieeffekt zustande kommt, d. h. die Gesamtleistung größer ist als die Summe der Einzelleistungen,

→ die durch eine sinnvolle Koordination von Teilaufgaben und individuellen Fertigkeiten und Kenntnissen ihren Auftrag optimal zu bewältigen vermag,

→ in der zwischenmenschlich ein Klima des gegenseitigen Vertrauens und Offenheit herrscht und sich die einzelnen Mitglieder mit „ihrem“ Team stark identifizieren und

→ in der Kommunikation auf der Basis gegenseitigen Verstehens eine optimale Verknüpfung von Informationen und ein aufrichtiges Ausdiskutieren verschiedener Ansichten garantiert.[13]

Die Ansprüche an eine Führungskraft an der Unternehmensspitze sind hoch – jetzt kommt auch noch die Notwendigkeit hinzu, teamfähig zu sein. Dabei unterliegt der Gedanke des Teamworks innewohnenden Widersprüchen, wie u. a. Sprenger dies sehr anschaulich darstellt, indem er unter der Überschrift „Konkurrente Kooperation“[14] schreibt:

Ein verwirrendes, ein destruktives Muster:

→ „Sei teamfähig! – Aber setz dich durch!“

→ „Sei kooperativ! – Aber stich deinen internen Konkurrenten aus!“

→ „Identifiziere dich mit dem Ganzen! – Aber belohnt wird nur deine individuelle Leistung!“

→ „Verhalte dich gemeinschaftsdienlich! – Aber optimiere deine Selbstdarstellung, schließlich muss man dich ja auch beurteilen!“[15]

Führungskräfte, so Sprenger, würden kaum in Teams zusammenarbeiten, wenn das Unternehmen weiterhin Einzelkämpfertum, Durchsetzungsvermögen und Ressortegoismus belohne.[16] Das bedeutet natürlich auch, dass den Gruppen an der Spitze von Organisationen eine ganz besondere Vorbildfunktion zukommt, vor allem hinsichtlich der Frage, wie Eigen-, Gruppen- und Organisationsinteressen unter einen Hut zu bringen sind.

Bei meinen Interviews habe ich vorbildliche Führungskräfte besucht, um von ihnen zu hören, wie sie echtes Teamwork in der Spitze praktizieren. Lothar Zechlin konnte seine Aufgabe als Gründungsrektor der neu zusammengeführten Universität Duisburg-Essen überhaupt nur deshalb erfolgreich bewältigen, weil er über die Einsicht verfügte, dass Zusammenarbeit in der Spitze notwendig ist – und weil er die Kompetenzen, dies auch bewusst zu gestalten, besitzt. Sein Erfolg, so Zechlin, basiere darauf, dass er Teams aufbaue und innerhalb dieser Teams konkret Führungsverantwortung übernehme. „Ich bin gern im Kontakt mit anderen Leuten und ich bin gern in Teams“, so Zechlin im Gespräch. Was wiederum auch darauf verweist, dass die Fähigkeit zur Arbeit in Spitzengruppen auf der inneren Bereitschaft – oder gar Freude – aufsetzt.

Eine Basisvoraussetzung für Teamfähigkeit auf der ersten Führungsebene ist sicherlich die schon oben eingeforderte Fähigkeit, sich selbst richtig einschätzen zu können. Aus der realitätsnahen Selbsteinschätzung kann ich erkennen, wo meine Stärken und Begabungen liegen – und wo ich Unterstützung benötige, um wirksam zu sein. „Ich bilde mir nicht ein, dass ich alles selbst machen muss", so Burkhard Weller, der die zahlreichen Führungsgruppen der verschiedenen Autohäuser in der WellerGruppe steuern und mit ihnen kommunizieren muss. Wenn er Ideen und Vorschläge z. B. an seine Geschäftsführer sende, dann würden diese ihm schon eine entsprechende Rückmeldung geben. Keinesfalls würde er sich „hinsetzen und hunderttausende alte Mails durchgucken und prüfen, wem habe ich eigentlich was geschickt und was habe ich darauf zurückerhalten". Er verlässt sich also auf die Eigenverantwortlichkeit der Führungskräfte.

Die enge Zusammenarbeit in einer Gruppe bedeutet aber nicht zwangsläufig die Aufgabe aller Grenzen und Distanzen. Roy Degenhardt, der vor seiner Pensionierung unter anderem Führungsaufgaben in der amerikanischen Continental Bank wahrnahm, riet im Interview z. B. dazu, doch „ein wenig Abstand zu wahren, wenn man der Leiter einer Gruppe ist".[17]

MITARBEITER ALS PARTNER

Herbert Holtgreife, Gründer und Geschäftsführender Gesellschafter des Industrieunternehmens Solarlux Aluminium Systeme, legt erkennbar Wert darauf, mit seinen Mitarbeitern kooperativ umzugehen: „Das können die Mitarbeiter bestätigen – ich bin einer von denen, ich bin nicht weit weg." Als ich Holtgreife im sonnendurchfluteten Forum seines Firmengebäudes zum Gespräch besuchte, konnte ich mich von dem kollegialen Umgangston überzeugen. Erfolg ist immer auch der Erfolg der anderen, dies hat auch Holtgreife verinnerlicht. Er schätzt den Austausch, was auch die Mitarbeiter bestätigen: „Ich habe einfach Freude an der Kommunikation, daran, dass ich mit anderen Leuten zusammenkomme." – In dieser Haltung liegt ein großer Teil des Unternehmenserfolgs der Solarlux begründet. Selbstführung beinhaltet also Wertschätzung für andere.

Dies ist nicht nur Teil einer humanen Grundhaltung, sondern eine Notwendigkeit für unternehmerischen Erfolg. Vanessa Kullmann, Gründerin der Coffeeshop-Kette Balzac, fasst den „Job, ein guter Chef zu sein" in ihrem Buch in vier Prinzipien zusammen: Respekt, Toleranz, Fairness, Ehrlichkeit.[18] Und sie empfiehlt, sich diesbezüglich immer wieder als Chef selbst zu überprüfen.

Insbesondere in Krisen und Rezessionen zeigt sich, dass die besten Fach- und Führungskräfte für das eigene Unternehmen unbedingt als Partner zu halten sind. Bill Jensen schreibt in „work 2.0" über den „Krieg um die Talente", dass die umworbenen Mitarbeiter von ihren Führungskräften erwarten, dass sie ihnen außergewöhnliche Arbeit im Kontext förderlicher Bedingungen bieten.[19]

Rainer Thieme hat im Laufe seiner Karriere nach eigenen Worten immer auf starke Mitarbeiter gesetzt: „Wenn du erfolgreich sein willst, umgib dich mit den besten Leuten, die du finden kannst. Die gehen für einen durch das Feuer, wenn sie wissen, dass man selbst für sie auch da ist." Unabdingbare Voraussetzung sei es allerdings, dass die Führungskraft als Vorbild handeln und authentisch bleiben müsse. Gabriele Fischer formuliert die eigene Aufgabe als Chefredakteurin des Wirtschaftsmagazins *brand eins* so: „Ich persönlich bin nicht davon überzeugt, dass das, was man gemeinhin unter Führungs- und Motivationskonzepten und Sonstigem versteht und kennt, so funktioniert. Der wichtigste ‚Führungsjob' ist es, dafür zu sorgen, dass die anderen ihre Arbeit gut machen und sich selbst führen können." Sie setze auf klares Feedback von den Mitarbeitern, zumal auch Freunde darunter seien, die eine klare Rückmeldung gäben.

Wichtige Begriffe sind in diesem Zusammenhang *Vertrauen* und *Eigenverantwortung*. Joachim Hake unterstreicht: „Die entscheidende Ressource ist wirklich Vertrauen in die eigenen Leute mit der Hoffnung, dass sie aus sich heraus das Richtige machen. Die Probleme werden subsidiär vor Ort gelöst, nicht von mir, also ganz katholisch. Von meiner Direktorengewalt mache ich nur dann Gebrauch, wenn ein letzter Fall eintritt ..." Auf die Eigenverantwortung hat auch Götz Werner immer gesetzt. Für ihn, so erklärte er im Interview, sei Menschenführung „nur legitim, wenn sie zur Selbstführung diene, wenn sie die Methode ist, damit Selbstführung sich entwickelt, auf dass die Menschen hinkommen zur Eigeninitiative, Selbstorganisation, Selbstkontrolle und Zusammenarbeitsfähigkeit“.

„*Abgeben* ist eine weitere Grundvoraussetzung für einen partnerschaftlichen Umgang mit den eigenen Mitarbeitern, und zwar Abgabe von Tätigkeiten und die Akzeptanz, dass andere es anders machen als ich selbst“, wie Ulrich Kruthaup aus seiner Tätigkeit als Klinikleiter beschreibt. Abgeben bedeutet nicht nur das Delegieren von Arbeit, sondern auch das Teilen von Ressourcen, wozu auch *Informationen* zählen. Mit Blick auf seine jahrzehntelange Erfahrung als Führungskraft berichtet Wilhelm Robben: „Ich bin immer mit meinen Mitarbeitern ganz offen umgegangen. Ich habe denen gesagt, ihr bekommt alle Informationen, die ich auch habe. Ich brauche keinen Informationsvorsprung, ich erwarte aber mit der gleichen Selbstverständlichkeit, dass vertrauliche Informationen hier im Raum bleiben und nicht weitergehen. Damit bin ich eigentlich nie enttäuscht worden. Ich habe immer nach dem Motto gelebt, dass nur gut informierte Mitarbeiter gute Arbeit abliefern können.“ Robben setzt darauf, starke Mitarbeiter zu gewinnen und sich zur Seite zu stellen: „Ich behaupte auch, starke Leute haben gute Leute um sich, nur Schwächlinge haben Schwächlinge um sich, die brauchen einen, der noch schwächer ist als sie selbst. Je stärker und je selbstbewusster meine Mitarbeiter sind, umso besser. Ich muss denen nicht beweisen, dass ich das besser kann.“ Auch Hans-Jörg Grundmann, CEO von Siemens Mobility, setzt auf die Eigenverantwortlichkeit der Mitarbeiter und Führungskräfte: „Ich verlasse mich selbstverständlich auf meinen Leistungskreis und statte sie auch mit den notwendigen Mitteln aus, dass sie ihre Verantwortung wahrnehmen können. Ich versuche, mich so wenig wie möglich einzumischen. Manchmal muss man sich allerdings einmischen.“ Vertrauen, abgeben, informieren, so lauten einige Aspekte der Menschenführung, die auf einer soliden Selbstführung aufbauen.

[1] Keith Ferrazzi with Tahl Raz: „Never eat alone ... and other secrets to success, one relationship at a time“, New York et al. 2005; mittlerweile auch auf Deutsch erschienen: „Geh nie alleine essen! Und andere Geheimnisse rund um Networking und Erfolg“.

[2] „When it comes to relationship management, you have to be on your game 24/7, 365 days a year“., ebenda, S. 182.

[3] vgl. ebenda, S. 183.

[4] Tim Sanders: „Love is the killer app. How to win business and influence friends“, New York at al. 2002; deutsch: „Der Sympathiefaktor. Menschen erfolgreich für sich gewinnen“ (2006).

[5] vgl. ebenda, S. 12.

[6] Originaltext im Interview: „*When I had younger kids, I would have to go away for like a weekend, I would simply have to say that twice a year I need to go away, because I need to think about my life; I need to find out, where am I and where I want to be and where am I going and what can I do about it.*“ (Übersetzung: BB)

[7] Bill George with Peter Sims: „True North. Discover your authentic leadership“, San Francisco 2007, vgl. S. 66.

[8] ebenda, vgl. S. 117.

[9] ebenda, S. 118, Übersetzung BB

[10] Fredmund Malik: „Führen Leisten Leben“, München 2001 (4. Auflage), S. 281, kursive Auszeichnung wie im Original.

[11] Christoph V. Haug: „Erfolgreich im Team“, München 2008 (4., überarbeitete Auflage).

[12] vgl. a.a.O., S. 19.

[13] a.a.O., S. 19.

[14] Reinhard K. Sprenger: „Das Prinzip Selbstverantwortung“, Campus Verlag: Frankfurt / New York 2000 (limit. Jubiläumsausg.), S. 226.

[15] ebenda.

[16] ebenda.

[17] Übersetzung BB

[18] Vanessa Kullmann: „Keine große Sache. Coffee to go oder wie man den Traum vom eigenen Unternehmen verwirklicht“, München 2008, S.189.

[19] Bill Jensen, „work 2.0. Building the future, one employee at a time“, Cambridge 2002, vgl. S. 33.

PARTNER, MITARBEITER & NETZWERK: MERKPUNKTE

→ **Netzwerk:** *Ich pflege meine Beziehungen professionell.*

→ **Rollen & Aufgaben:** *Ich kläre Rollen und Aufgaben im beruflichen und im privaten Kontext.*

→ **Support Team:** *Ich schaffe mir insbesondere im privaten Bereich Unterstützung durch Partner, Familie, Mentor.*

→ **Mitarbeiter:** *Ich weiß, dass mein Erfolg mit dem Erfolg anderer – auch der Mitarbeiter – verknüpft ist, daher ist vertrauen, abgeben, informieren essenziell.*

PARTNER, MITARBEITER & NETZWERK: ZUR VERTIEFUNG LESEN

Keith Ferrazzi: *„Geh nie alleine essen!"*
Trotz des marktschreierischen deutschen Titels ist das Buch voller Anregungen für strukturierte Netzwerkarbeit. Ferrazzi beleuchtet die innere Einstellung und die Fähigkeiten, die hierfür erforderlich sind. Zusätzlich liefert er zahlreiche handfeste „Sozialtechniken" aus seinem erfolgreichen Leben als Netzwerker.

Ivan R. Misner und Don Morgan: *„Masters of Networking"*
Die beiden Herausgeber haben (amerikanische) Praktiker des Netzwerkens zu Wort kommen lassen. Das Resultat: ein Kompendium handfester Tipps.

Tim Sanders: *„Der Sympathiefaktor"*
(Original: „Love Is The Killer App")
Ein noch radikalerer Ansatz zum Thema Netzwerken ist in Tim Sanders „Der Sympathiefaktor" aufgezeigt. Sanders empfiehlt, Wissen, Netzwerke und Mitgefühl offen zu teilen.

5

FELD 5

PROZESSE & STRUKTUREN

„Auszeiten – jeden Tag eine Viertelstunde,

jede Woche einen Tag, jedes Jahr eine Woche.“

JOACHIM HAKE

PROZESSE & STRUKTUREN

Welche Instrumente und Methoden sind zur Selbstführung geeignet? Welche Strukturen muss ich mir schaffen, damit ich als Führungskraft effektiv und effizient an meinen (Lebens-)Projekten arbeiten kann? Hier habe ich eine Fülle von konkreten Hinweisen von den Befragten erhalten, die sich auf das Thema Selbstorganisation beziehen. Barbara Graf-Reinken, Multiunternehmerin aus Hennef, wählt für ihre Zwecke klassische Instrumente: „Ich organisiere mich ganz altherkömmlich mit einer Kladde; ich habe die tollsten kleinen Minicomputer geschenkt bekommen, aber nicht die Zeit gefunden, mich da reinzuversetzen." Damit steht sie nicht allein. Auch andere erfahrene Führungskräfte haben sich, zum Teil nach Experimenten mit PDAs oder BlackBerrys, wieder dem Arbeiten auf Papier zugewandt. Aber es gibt auch Gegenbeispiele, wie Boris Pistorius, Oberbürgermeister von Osnabrück, der konsequent auf Technik setzt und versucht, seinen Alltag mithilfe eines Kleincomputers zu steuern.

Die Managementliteratur hat sich den Themen Zeitmanagement und Selbstorganisation intensiv gewidmet. Vor allem Lothar Seiwert im deutschsprachigen und Stephen Covey im amerikanischen Raum haben mit ihren Büchern dafür gesorgt, dass grundlegende Methoden und Instrumente zur Selbstorganisation in leicht verständlicher Form vorliegen. Innerhalb des hier entwickelten Modells der Selbstführung mit seinen sieben Dimensionen nimmt der Bereich *Prozesse & Strukturen* eine wichtige, weil praktische Position ein. Unter dem Begriff *Prozesse* sollen hier primär diejenigen Abläufe verstanden werden, die die eigene Arbeitswelt betreffen. *Strukturen* meint hier die Anordnung der Bestandteile oder eben Prozesse innerhalb der persönlichen Arbeitswelt. Hier soll also die Rede sein von dem, was unter Selbstorganisation im Allgemeinen verstanden werden kann, z. B. das persönliche Zeitmanagement, Systeme der Planung und Realisierung der eigenen Arbeit, Hilfsmittel,

Instrumente. In den Interviews war dieses Feld fast immer leicht zu füllen, denn viele der Befragten verfügten über eine dezidierte Arbeitsmethodik, klare Prinzipien der eigenen Ordnung und langjährig erprobte Mittel. Von diesen Erfahrungen will ich in diesem Kapitel berichten. Leitfragen können sein:

→ Wie organisiere ich mich?

→ Kenne ich meine Hauptaufgaben?

→ Welche hilfreichen Gewohnheiten kann ich entwickeln?

→ Welche Methoden nutze ich konkret (Zeit-, Projektmanagement, Planung, Kreativität ...)?

→ Sind meine Methoden und Instrumente für mich angemessen?

ANGEMESSENHEIT DER METHODEN UND INSTRUMENTE

Jens Kettler, Leiter des EDEKA-Bildungswesens, hält die angemessene Steuerung der eigenen Person für den Kern der Selbstführung. Was mir besonders wichtig erscheint, ist seine Einschätzung, dass man als Führungskraft auch seine Charakterzüge und Grenzen kennen müsse und sich damit arrangieren solle: „Es geht darum, mich insoweit in den Griff zu bekommen, dass ich mich meinen Verhaltensmustern stelle, und zu lernen, mit den Verhaltensmustern und Charakteristika zu leben, zu arbeiten und sie positiv zu nutzen.“ Kettler betont, dass man die Methoden und Instrumente zur Selbstorganisation so wählen solle, dass sie der eigenen Persönlichkeitsstruktur entsprächen. Wir finden diesen Aspekt auch in der Managementliteratur und -lehre wieder. Für Fredmund Malik zählt die persönliche Arbeitsmethodik zu denjenigen Instrumenten, die die eigene Wirksamkeit wesentlich beeinflussen. Die Grundlagen würden davon bestimmt, dass Arbeitsmethodik „persönlich und individuell“ und „abhängig von Rahmenbedingungen und Umständen“ sei.[1] Als Orientierungspunkte nennt er einen turnusmäßigen Check der Arbeitsmethodik sowie insbesondere die Überprüfung der „Basisbereiche" (z. B. allgemeines Zeitmanagement, Kooperation mit dem Sekretariat).

Die Schaffung angemessener Prozesse und Strukturen stellt eine zentrale Voraussetzung dar, um die persönliche Mission oder Vision letztlich in Produkten oder Projekten Wirklichkeit werden zu lassen. Das soll die nachfolgende Grafik veranschaulichen. Sie illustriert, dass es sich im Idealfall um eine Art Prozesskette handelt, die von der persönlichen Vision zur Verwirklichung angemessener Produkte oder Projekte führt:

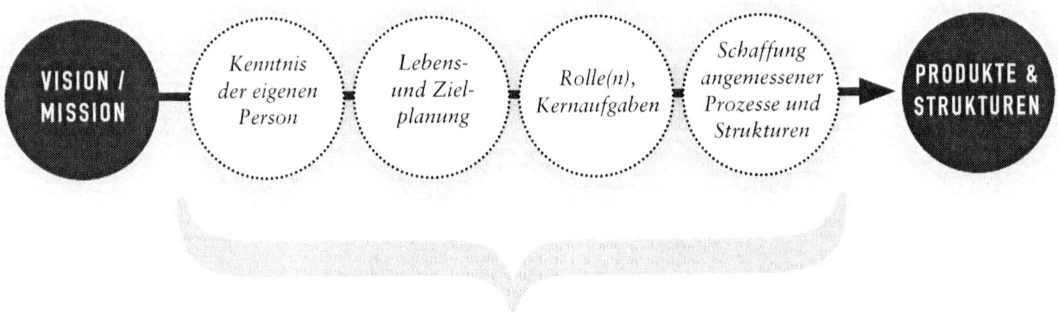

NUTZUNG GEEIGNETER INSTRUMENTE

→ *des Reflektierens,*
→ *der Analyse,*
→ *des Planens,*
→ *der Entscheidung,*
→ *der Umsetzung,*
→ *der Kontrolle.*

DIE EIGENEN KERNAUFGABEN KENNEN – MOST IMPORTANT TASKS (MITS)[2]

Die Notwendigkeit, die eigenen Fähigkeiten und Potenziale zu erkennen und deren Weiterentwicklung zu betreiben, ist bereits deutlich geworden. Im Zusammenhang wirksamer Arbeitsprozesse und -strukturen ist es entscheidend, die zentralen persönlichen Aufgaben zu kennen. In diesem Zusammenhang bietet einer der Klassiker zum Selbstmanagement, Wagners „Persönliche Arbeitstechniken"[3], wichtige Grundlagen. Wagner nennt in Anlehnung an Viktor Frankl das Streben nach persönlicher Sinngebung als primäre menschliche Motivation – dies ist der „Wille zum Sinn".[4] Neben dieser ethischen Grundlegung des Selbstmanagements verweist Wagner auf die Bedeutung, die der Konzentration der eigenen Kräfte zukommt: „Ich habe immer dann den größten Erfolg, wenn ich meine letztlich immer beschränkten Kräfte gezielt und konzentriert einsetze."[5] Diese allgemeine Feststellung verknüpft Wagner mit der Analyse der eigenen Person, vor allem der eigenen Stärken.[6] Für ihn ergeben sich drei wesentliche Erfolgsfaktoren:

1. Ich muss meine eigene Persönlichkeit systematisch analysieren und meine Rolle bestimmen,

2. ich muss auf dem Ergebnis dieser Analyse meine persönliche Lebens- und Zielplanung aufbauen (Strategie) und

3. ich muss diejenigen Methoden zur Zielerreichung wählen, die meiner eigenen Persönlichkeit entsprechen.[7]

Wie können die Kernaufgaben ermittelt werden? Hierzu bieten sich, wie viele Interviewte aufzeigten, strukturierte Prozesse der angeleiteten Selbstanalyse an. Das einmal Erarbeitete und die erlernten Methoden und Instrumente können dann im Rahmen der Selbststeuerung und der persönlichen Planungsprozesse immer wieder angewendet werden. Stellvertretend für andere Methoden soll hier die Struktur der „persönlichen und unternehmerischen Planungstage" des oben bereits erwähnten Seminaranbieters Helfrecht aufgezeigt werden, die mehrere

Gesprächspartner (z. B. Lothar Röwer oder Ulrich Kruthaup) durchlaufen hatten und deren Grundlagen sie nach eigenen Angaben noch heute berücksichtigen:

Tag 1: Situationsanalyse
Dies ist der wesentliche Part: Mithilfe von Fragebogen erfolgt eine dezidierte Analyse der eigenen Persönlichkeit und eine Herausarbeitung der eigenen Stärken, Schwächen und Potenziale.

Tag 2: Strategieentwicklung
Mithilfe eines „klassischen" Planungsinstruments, des sogenannten „Zeitplanbuches", werden Grundlagen der Selbststeuerung erlernt.

Tag 3: Zieldefinition
Auf der Basis der erkannten Stärken, Schwächen und Potenziale wird ein zusammenhängendes Zielplanungsverfahren vermittelt, das auch die Kernaufgaben berücksichtigt.

Tag 4: Vorgehensplanung
Hier geht es um die Konkretisierung der Zielplanung: Genaue „Wie-Pläne" werden erstellt und Schritte zur Erreichung definiert.

Tag 5: Umsetzung
Der fünfte und letzte Tag sieht vor, aus den einzelnen erlernten Bausteinen eine individuelle (und unternehmerische) Planungsmethodik zusammenzustellen, die im Alltag fortgesetzt werden kann.[8]

Im Ergebnis kennen die Teilnehmer ihre Stärken, sie wissen, wo sie wirksam werden können (Rollen, Aufgaben) und können durch einen angemessenen Planungsprozess ihren Erfolg „verursachen". Aus meiner Berufserfahrung weiß ich, dass viele Führungskräfte offenbar diese Klärungsprozesse nicht durchlaufen haben und kein klares Verständnis ihrer Kernaufgaben besitzen. Systematische Analyseverfahren können dieses Defizit beheben, auch im Rahmen eines Coachings. Wenn Führungskräfte die zentralen Aufgaben nicht kennen, so ist ihnen in der Folge auch nicht bewusst, worauf sie ihre Kraft eigentlich lenken müssten, um den Erfolg zu verursachen. Schließlich haben sie häufig auch kein Modell für ihre Arbeitsmethodik, wie es etwa Seiwert[9] skizziert (es orientiert sich an dem bekannten Management-Regelkreis von Deming, der auf Shewhart zurückgeht[10]).

Zeitmanagement-Regelkreis (Seiwert)

Um die eigenen Prozesse und Strukturen zu optimieren, muss eine Führungskraft zunächst die Frage klären, für welche Kernprozesse sie primär verantwortlich ist: Wofür werde ich eigentlich bezahlt? Worauf muss ich mich konzentrieren? Danach kommen die Strukturen, innerhalb derer die Person ihre Kernprozesse erledigen soll oder will, auf den Prüfstand: Kenne ich meine primären Aufgaben bzw. die *Most Important Tasks* (MITs)? Unterstützt mich die (Organisations-)Struktur in der Erfüllung dieser Aufgaben?

Peter Drucker hat betont, dass es bei Führungskräften vor allem um *Wirksamkeit* geht und dass diese erlernt werden muss.[11] Auch Fredmund Malik unterstreicht in verschiedenen Publikationen immer wieder diesen Aspekt. Aus dem Werk von Drucker können wir zusammenfassend folgende Aspekte für eine wirksame Führungskraft ableiten:[12]

→ Persönliches Zeitmanagement
→ Den persönlichen Beitrag zum Unternehmen fokussieren
→ Stärken produktiv machen – die eigenen und die der Mitarbeiter
→ Prioritäten setzen – *first things first*
→ Effektive Entscheidungen treffen

Rolf Budde, Musikverleger in zweiter Generation in Berlin, hat im Interview sehr deutlich darauf insistiert, dass die Setzung von Prioritäten zu den eigentlichen Aufgaben einer Führungskraft zählt. Dabei hilft ihm nach eigenem Bekunden sein Studium als Jurist: Es geht darum, Relevantes zu erkennen und sich darauf zu fokussieren. *First things first* – das setzt voraus, dass Prüfkriterien für Relevanz angelegt werden.

Das bestätigte auch Lothar Zechlin, ebenfalls Jurist, im Interview, als er von seinen Erfahrungen als Gründungsrektor der durch Fusion entstandenen Universität Duisburg-Essen berichtet: „Das lernt man als Jurist, Relevanzkriterien einzuführen, also Entscheidungsbildung. Das methodische Handwerkszeug eines Juristen ist ja, Entscheidungen herbeizuführen. Der Richter muss ein Urteil fällen, und da muss man eben filtern, was relevant ist und was man weglassen kann." Genau diese Anwendung seines juristischen Methodenkoffers hat Zechlin im Führungsalltag geholfen, mit großer Wirkung auch etwa bei der Leitung von Besprechungen.

ZIELE MÜSSEN ZIEHEN

John McGrath, Inhaber einer großen Maklerfirma in Australien, beschreibt in seinem Buch „You inc."[13], wie seine Zielsetzungsmethode funktioniert: Er hat seine Ziele auf einen Zettel geschrieben, diesen laminiert und in die Dusche geklebt. Auf diese Weise betrachtet er seine Zukunftsabsichten mindestens einmal pro Tag. Er empfiehlt sogar, mindestens zweimal täglich auf den persönlichen Zielzettel zu schauen. Das mag ungewöhnlich erscheinen, ist aber in seinen Augen eine Methode, die ihm mehr Resultate und mehr positive Veränderungen gebracht habe als alle anderen Ansätze. Um Ziele möglichst täglich wahrzunehmen und zu verinnerlichen, kann man gänzlich unkonventionelle Wege gehen. Leonardo Previ, Mitgründer der Mailänder Ideenschmiede Trivioquadrivio, hat eine ungewöhnliche Variante für sich gebaut – im Sinne des Wortes[14]: „Vor einigen Jahren habe ich damit begonnen, kleine Modelle meiner Jahresziele zu bauen und diese Modelle, mit kleinen Flaggen versehen, auf meinen Schreibtisch zu setzen. Auf diese Weise kann ich – in einem Augenblick – meine wichtigsten Ziele erfassen." Previ verwendet ein geniales Spielzeug – Lego-Steine – für diesen Zweck.

Nach Martens und Kuhl ist Erfolg das Erreichen selbst gesteckter Ziele.[15] Sie weisen in ihrem Buch zur Selbstmotivierung darauf hin, dass die Identifizierung mit Zielen dann umso besser gelingt, je kongruenter diese mit den persönlichen Gefühlen, Motiven und Lebenserfahrungen sind.[16] Wenn wir hier von den Arbeitsprozessen und -strukturen sprechen, so sind diese doch immer auch unter den anderen Perspektiven des Modells zur Selbstführung zu betrachten, vor allem in Beziehung zum Bereich der persönlichen *Mission* oder *Vision*. Dass viele Führungskräfte an ihren Zielen scheitern, liegt nach meiner Erfahrung auch daran, dass diese Ziele nicht oder nur unzureichend mit der eigenen Persönlichkeit verknüpft sind – es besteht kein Band zwischen den Zielen der Führung im Alltag und dem eigenen Persönlichkeitskern. Daher kann zwar eine gehörige Portion an Disziplin zur Verfolgung *fremder* Ziele aufgewendet werden, aber früher oder später bricht das Problem der Differenz durch. Häufig, so zeigen Fälle aus meiner Praxis als Coach, spüren die Führungskräfte diese Differenz und hindern sich am Erreichen der von außen gesetzten Ziele. Sie sorgen dafür, dass sie scheitern und erinnern sich auf diese paradoxe Weise an ihre eigentlichen, elementaren Bedürfnisse und Vorstellungen.

Wie kann eine Führungskraft eigene Ziele setzen und mit geeigneten Methoden und Instrumenten verfolgen? Meine Wahrnehmung ist, dass zahlreiche Führungskräfte schon daran scheitern, dass sie ihre spezifischen Wahrnehmungsstrukturen nicht kennen. Das heißt konkret, dass sie nicht wissen, ob sie z. B. eher visuell, auditiv oder haptisch orientiert sind. Entsprechend würden bestimmte Instrumente für den einen unterstützend, für den anderen eher behindernd sein.

Wir wissen aus Kommunikationstheorie und -praxis, dass wir unsere Botschaften empfängergerecht senden müssen, wenn wir verstanden werden wollen. Dabei kommt es wesentlich darauf an, auf dem „richtigen Kanal" zu senden und zu empfangen. Für das Setzen eigener Ziele und die Wahl geeigneter Methoden zur Zielerreichung gilt ebenfalls, diese Präferenzen für sich selbst zu berücksichtigen. In der Praxis der täglichen Kommunikation lässt sich leicht feststellen, dass Menschen ihre Worte offenbar in Analogie zu ihrem bevorzugten Wahrnehmungskanal wählen. Fries u. a. erläutern dies anschaulich:[17]
„Sinnesspezifische Wortwahl und sinnesspezifische Redewendungen geben Auskunft über die subjektive Struktur der „Landkarte" [der Wahrnehmung; BB] *und über die bevorzugten Wahrnehmungs- und Repräsentationskanäle:*

V. – *Ein Weltbild, die Abbildung der Welt, spiegelt sich durch die Organisation im visuellen Kanal.*

A. – *Die Harmonie der Sphären, die Unstimmigkeit, eine Dissonanz entsteht im auditiven Kanal.*

K. – *Ein Lebensgefühl, eine aufrechte Haltung, ein Begriff ist die sprachliche Repräsentation des kinästhetischen Kanals.*

O. – *Der Geschmack an den Dingen, der Duft der Welt, die Würze des Lebens repräsentieren den olfaktorisch-gustatorischen Kanal."*

Für die Formulierung von Zielen gilt daher, dass diese sinnlich und spezifisch formuliert sein müssen, damit sie Zugkraft entfalten können. Aus dem Universum der Möglichkeiten, sich selbst zu strukturieren, sind folglich diejenigen Methoden und Instrumente auszuwählen, die der eigenen Persönlichkeit entsprechen.

Die von mir interviewten Führungskräfte nutzen jeweils sehr unterschiedliche Methoden und Instrumente. Damit schaffen sie für sich Arbeitsprozesse und -strukturen, in denen sie maximal produktiv – *wirksam* im Sinne Druckers – sein können. In der Praxis zeigt sich, dass die eine Führungskraft kinästhetische bzw. haptische Instrumente bevorzugt, während andere primär visuelle Hilfsmittel einsetzen. Es ist an dieser Stelle noch der Hinweis nötig, dass es keine eindeutige Reduzierung auf einen einzigen bevorzugten Wahrnehmungskanal geben muss; vielmehr treffen wir in der Praxis eher Kombinationen von Präferenzen an.

IDEENBUCH ODER BLACKBERRY?

„Für mich ist die Hauptherausforderung, den Ideen-Stream zu kanalisieren, die Fähigkeit, das auf die Straße zu bringen", so Uwe Schneidewind. Er beschreibt, wie er das Outlook-Instrumentarium seines Computers nutzt, die Notizzettel-Funktion einsetzt, Aufgaben einträgt und diese mit einem Laptop synchronisiert. „Wenn ich meinen Laptop dabeihabe, dann weiß ich, dass ich alles dabei habe." Zusätzlich setzt er auch im PC ein Mind-Map-Programm ein, „um die Ideenwolke zu strukturieren." Schneidewind weiter: „Ich will kein Papier in meinem Büro, jeder Vorgang muss in die Struktur eingespult werden. Ich muss lernen, mir die Organisationsstrukturen so zu bauen, dass meine Ideenvielfalt sich nicht nur elektronisch wiederfindet, sondern auch in einem Prozesslauf." Auch andere Führungskräfte nutzen stringent die elektronischen Instrumente. Allerdings gibt es auch den „Gegentyp", der sich sowohl mit klassischen Instrumenten – zum Beispiel mit einer Kladde – als auch in engem Umfang mit Outlook und anderen Computerhilfen organisiert.

Noch vor zehn Jahren war es – zumindest in Deutschland – ein normales Bild, dass Führungskräfte in Besprechungen mit einem sogenannten „Zeitplanbuch" auftauchten. Ganze Führungsetagen waren mit den zumeist DIN-A5-großen Ringbüchern ausgestattet worden. Mit einem ausgeklügelten System aus Kalendarium, Checklisten, Memo-Zetteln und Infomaterial glaubten sich alle gerüstet für den Arbeitsalltag. Heute habe ich auf die Frage, welche Methoden bzw. Instrumente für die Selbstführung genutzt werden, natürlich überwiegend vom Einsatz computergestützter Planungsinstrumente gehört (Outlook, BlackBerry etc.). Einige Befragte äußerten allerdings auch, dass sie das rein elektronische

Instrumentarium schon wieder abgewählt hätten. Gleich, welches Instrument damals oder heute genutzt wurde oder wird: Es geht darum, die eigenen Ziele (und die des Unternehmens) und wichtige Informationen an einem einzigen Ort griffbereit zu haben.

Überraschend ist vielleicht für Außenstehende, dass die so sehr beworbenen elektronischen Instrumente bei zahlreichen erfolgreichen Führungskräften offenbar eine eher nachgeordnete Bedeutung besitzen. Sicherlich ist jemand wie der Akademiedirektor Joachim Hake, der seinen geschenkten BlackBerry gegen einen Anzug eintauschte, wie er mir im Gespräch mit einem Augenzwinkern mitteilte, eher die Ausnahme. Festzustellen ist, dass viele der „etablierten" Führungskräfte jenseits der Fünfzig eher die Finger von den komplexen Funktionen ihrer elektronischen Assistenten lassen und vordringlich die Telefon- und Adressbuchfunktionen nutzen. Bei den jüngeren Führungskräften ist ein Trend zur Integration computergestützter Verfahren in die Selbstführung zu entdecken. Ob es dann tatsächlich zu einer Produktivitätssteigerung kommt – im Sinne von Wirksamkeit – wäre noch gesondert zu überprüfen. Oberbürgermeister Boris Pistorius unterstreicht im Interview, dass es entscheidend ist, ein solches Instrument im Detail zu kennen, um es dann sinnvoll und konsequent einsetzen zu können. Von den jüngeren Führungskräften habe ich im Gespräch nicht gehört, dass sie ein Seminar zur Selbstorganisation gemacht hätten, bei denen die effiziente Nutzung solcher technischen Medien gelernt worden sei. Dennoch können einige Führungskräfte aus dieser Gruppe sehr wohl souverän mit dem technischen Gerät umgehen, ohne sich zu verzetteln. So betont Andreas Baumüller, Geschäftsführer der Baumüller Holding in Nürnberg, im Interview die Notwendigkeit, sich auf seinen „Hauptjob" zu fokussieren und sich nicht durch Instrumente wie BlackBerry oder PDA auf die operative Ebene herabziehen und somit zur Zeitverschwendung verleiten zu lassen. Er setzt vielmehr auf die effektive Unterstützung einer Assistentin, die zum Beispiel den E-Mail-Verkehr für ihn filtert und sortiert.

Volker Jungeblut, Geschäftsführer des Kalender- und Accessoireherstellers filofax, bestätigt aus erster Hand, dass es eine Tendenz zurück zum Planen und Notieren auf Papier gibt. Dennoch laufen im

Hintergrund bei fast allen Gesprächspartnern zusätzlich computergestützte Kalender- und Aufgabensysteme. Auch Lothar Röwer berichtet, dass er vom Planen auf Papier überzeugt sei: „Ich habe in meiner beruflichen Laufbahn immer eine Art Buch oder Kladde gehabt, wo ich mir Ziele und Teilziele aufgeschrieben habe. Was ich mir bislang auf diese Weise aufgeschrieben habe, konnte ich zu 70 Prozent auch umsetzen." Mittlerweile hat Röwer auch in seinem Führungskreis ein A4-großes Notizbuch – das „Röwer Memo-Book" – für jedes Mitglied eingeführt, damit die Führungskräfte lernen, Notizen, Ideen, Aufgaben an einem Ort zu sammeln. Eigentlich ist dieses Instrument ein klassisches, wie es seit Langem von vielen Künstlern genutzt wird: das Skizzenbuch. Die elektronischen Instrumente, gleich ob PDA, BlackBerry oder Notebook-Computer, haben nicht diese Haptik, diese bedingungslose Verfügbarkeit und Nutzbarkeit. Zumindest habe ich noch niemanden erlebt, der schnell ein Mind-Map auf einem Mobiltelefon kreieren konnte.

Diese Erkenntnis nahm ich auch aus dem Gespräch mit Dieter Köster, Geschäftsführender Gesellschafter eines großen Bauunternehmens, mit. Er legt großen Wert darauf, dass im Unternehmen alle Prozesse sauber strukturiert und IT-gestützt verfügbar sind – und auch diszipliniert verfolgt werden. Gleichzeitig beschreibt er nachvollziehbar, wie man ein vermeintlich altmodisches Handwerkszeug, ein Zeitplan-Ringbuch, flexibel nutzen kann. Als Beispiel nennt er die Wartezeit durch Verzögerungen beim Fliegen. Nach eigenem Bekunden kann er sich sofort auf diese Veränderungen einstellen, die Störung annehmen und sie als Zeit für kreative handschriftliche Planungen verwenden. Köster nutzt für sich die jeweiligen Stärken von Zeitplanbuch und z. B. BlackBerry und kombiniert diese Instrumente.

Eine Ausnahme stellten diejenigen Interviewpartner dar, die quasi künstlerische Methoden einsetzen. Prototyp ist der „Multipreneur" Leonardo Previ (Mailand), für den kreative Visualisierungen Teil des normalen Methodenbaukastens sind – wie sich in seinem Arbeitsumfeld mit Flipcharts und Lego-Steinen zeigt. Hier gibt es – wie ich finde – noch reichlich Raum für Verbesserungen bei anderen. Trainings und Weiterbildungskonzepte für Selbstführung

Leonardo Previ

Foto: Pietro Storti

„ *Eine Ausnahme stellten diejenigen Methoden einsetzen. Prototyp ist für den kreative Visualisierungen*

“

Interviewpartner dar, die quasi künstlerische

der „Multipreneur“ Leonardo Previ (Mailand),

Teil des normalen Methodenbaukastens sind.

sollten derartige Methoden in gebündelter Form vorstellen und einüben und dabei auch die Grenzen und Möglichkeiten IT-gestützter Verfahren vermitteln.

DER „ZEN-TO-DONE"-ANSATZ

Wer die Anweisungen zur Selbstorganisation von David Allen, dem Papst des „Getting Things Done"(GTD)-Ansatzes[18], studiert, der könnte glauben, die Dinge tatsächlich „in den Griff" bekommen zu können, wenn man sich nur diszipliniert auf einige wenige Regeln und Verhaltensmaximen einlässt. So gilt es nach Allen, alle Vorgänge, Aufgaben etc. regelmäßig schriftlich zu erfassen, durchzuarbeiten, zu organisieren, durchzusehen und, schließlich, als erledigt abzuhaken. Mit einem einfachen Instrumentarium, vor allem To-do-Listen, gelingt der Überblick. Egal, ob die Aufgaben klein oder groß sind – Allen ist davon überzeugt, dass einige als wirksam erkannte Prinzipien, stringent im Einsatz, Überblick verschaffen und das gezielte Erledigen der Arbeit ermöglichen. Und tatsächlich gibt es eine große Anhängerschaft des GTD-Ansatzes[19], die darauf schwören, ihr Leben auf diese Weise im Griff zu haben. „GTD richtet sich als Selbstorganisationssystem insbesondere an Wissensarbeiter, also Menschen, deren vorwiegendes Arbeitsmaterial Wissen und Informationen sind, und deren hauptsächliches Arbeitsmittel ihr Kopf ist", heißt es im „Produktivitätsblog" imgriff.com über GTD.[20]

Eine sinnvolle Ableitung des GTD-Ansatzes ist ZTD – „Zen To Done". Leo Babauta, der einen unterhaltsamen Blog zum Thema Produktivität schreibt,[21] hat sich des GTD-Ansatzes angenommen und ein kleines E-Book dazu verfasst. Babauta diagnostiziert einige aus seiner Sicht grundsätzliche Mängel im System von Allen. Er setzt dem seine zehn Gewohnheiten entgegen:

1. Collect – Hier geht es darum, alle Ideen, Aufgaben usw. stets in einem überall verfügbaren Instrument, z. B. einem Notizbuch, aufzuschreiben – je einfacher das Instrument, umso besser.

2. Process – Eine schnelle Weiterverarbeitung der „Eingangsboxen" (E-Mail, Briefe, Anrufbeantworter) ist notwendig, z. B. in Form eines Eintrags in eine To-do-Liste.

3. **Plan** – Er empfiehlt, *MITs* zu setzen – *Most Important Tasks.* Mit der Konzentration auf diejenigen Aufgaben, die die höchste Priorität haben, gelingt eine optimale Zeitnutzung.

4. **Do** – Jeweils auf eine Aufgabe konzentrieren, Ablenkungen ausschalten; *multitasking* funktioniert nicht.

5. **Simple Trusted System** – Wie David Allen empfiehlt Babauta das Anlegen von Listen (Arbeit, Telefon, zu Hause, Besorgungen, warten auf ...); auf keinen Fall solle man ein kompliziertes System aufbauen, das man dann nicht durchhalten kann („you don't need a planner or PDA or Outlook ...").

6. **Organize** – Schaffe jeweils einen definierten Platz für jedes Ding (Eingangskörbe, E-Mail-Unterordner, Mülleimer), und: den Tisch aufgeräumt halten.

7. **Review** – Regelmäßig – z. B. einmal pro Woche – das eigene System durchsehen, die Ziele kontrollieren; einmal im Monat einen ausführlichen Rückblick durchführen; jedes Jahr Zeit nehmen, um die Jahres- und Lebensziele zu überprüfen und zu überdenken.

8. **Simplify** – Die eigenen Ziele und Aufgaben auf das essenziell Notwendige reduzieren; dies ist schon deshalb notwendig, damit die *MITs* – die allerwichtigsten Aufgaben – nicht unter die Räder kommen. Dieser Prozess der Vereinfachung und Konzentration solle regelmäßig durchgeführt werden, man solle auch daraus eine Gewohnheit machen.

9. **Routine** – Persönliche Routinen entwickeln und beibehalten, wie z. B. eine Morgenroutine, bei der die allerwichtigsten Aufgaben festgelegt werden.

10. Find you passion – Ein zentraler Punkt (der auch mit Ansätzen von Wagner und Covey – s. o. – korrespondiert): die Arbeit für sich finden, die mit Leidenschaft getan wird; während GTD offenbar auf Disziplin setzt, legt *Zen To Done* Wert auf das Finden und Erfüllen der Arbeit, die der eigenen Leidenschaft entspricht.

Babauta bricht also eine Lanze für die eigene Passion, für die Begeisterung, die Grundlage für eine Selbstorganisation über Ziele sein müsse.

DIE BESONDERE ROLLE VON RITUALEN UND RHYTHMEN

Ein Aspekt, der in populären Selbsthilfebüchern wie z. B. Stephen Coveys „Die 7 Wege zur Effektivität" zu kurz kommt, ist die besondere Rolle von Ritualen und Rhythmen. Im Gespräch mit Joachim Hake ist mir deren Wertigkeit deutlich geworden. Hake sieht sich als Akademiedirektor auch im Führungsalltag von seinem christlichen Glauben getragen und geprägt. Natürlich spielt der Begriff Disziplin für ihn eine Rolle, aber die Notwendigkeit, einen Sinn für Rhythmus zu entwickeln, ist aus meiner Sicht wesentlich bei ihm. Er nimmt sich regelmäßig Auszeiten („jeden Tag eine Viertelstunde, jede Woche einen Tag, jedes Jahr eine Woche"), um in „heiliger Gleichgültigkeit nichts zu wollen". In Exerzitien, im turnusmäßigen Austausch und in kollegialer Beratung, wie auch in der Zuordnung fester Funktionen für die einzelnen Wochentage hat sich eine Ordnung von alltäglichen Ritualen herausgebildet, die nicht nur der Führung der eigenen Person, sondern auch der Organisation selbst dienen sollen. Rhythmus heißt eben auch: Wechsel von Arbeit und Reflexion.

Auch in der Managementliteratur finden sich Hinweise auf Rituale, so schlägt Fredmund Malik in „Führen Leisten Leben"[22] die Durchführung einer jährlichen, fest einzuplanenden „Müllabfuhr" vor. Damit meint Malik einen „Prozess des Ausmerzens von Altem, Überkommenem und Überflüssigem". Leitfragen sind für den Autor: *Wovon sollten wir uns trennen? Was sollten wir nicht mehr tun? Was würden wir nicht mehr neu beginnen?*[23] Pragmatisch schlägt Malik vor, einen ganzen Tag fest im Kalender einzuplanen, an dem man sich – mit den engsten Kollegen / Mitarbeitern – ausschließlich dieser Frage widmen solle. Dieser Ansatz kann natürlich auch für das Selbstmanagement Verwendung finden. In einem der Interviews berichtete mir ein erfolgreicher Unternehmer, Lothar Röwer, dass er Rituale wie die „Müllabfuhr" regelmäßig zum Jahresende durchführt, und zwar schon seit über zwanzig Jahren.

Gabriele Fischer formulierte, sie habe zu lange über Managementmethoden geschrieben, seinerzeit als Mitarbeiterin des Manager Magazins. Jetzt habe sie eher eine kritische Distanz zu diesen Methoden. Ihre Grundeinstellung sei es, so Fischer, sich selbst gegenüber so ehrlich wie möglich zu sein. Sie habe sich gut damit eingerichtet, Strukturen zu suchen, sie aber nicht umfassend zu finden. Vielmehr arbeite sie immer wieder im Trial-and-error-Verfahren. Strukturen werden bei vielen meiner Interviewpartnern von außen gesetzt. So sieht Fischer den Taktgeber im Magazin selbst: „Der Arbeitgeber ist das Heft. Aber es erlaubt trotzdem Freiräume." Als Chefredakteurin hat sie eigene Rhythmen innerhalb der Arbeit am jeweils aktuellen Heft gesetzt, nimmt sich feste Zeiten außerhalb der Redaktion und schottet das Wochenende für das Privatleben ab: „Was die ganze Zeit, auch in den harten Zeiten immer mein Rhythmus war und ist: dass ich Freitag gegen 20.00 Uhr meine Woche beende, die allerdings am Produktionswochenende meist am Sonntag wieder beginnt." Offenbar ist Fischer damit gut gefahren – und ihr Magazin, *brand eins*, existiert auch heute noch.

Zum Themenfeld Rituale zählen natürlich auch solche Aktivitäten, die dem Bereich *Körper, Seele, Geist* in meinem Modell zur Selbstführung zuzurechnen sind. Hier berichteten mir viele Führungskräfte von ihren sportlichen Routinen (vor allem Laufen, aber auch gymnastische Übungen).

GEDEIHLICHE BEDINGUNGEN SCHAFFEN – DURCH KREATIVITÄT

Torsten Wächter, selbstständiger Personalberater mit Führungserfahrung in Verwaltung und Industrie, beschreibt seinen Prozess der Zielplanung: „Ich arbeite immer sehr raumgreifend und nutze, wenn nötig, den gesamten Fußboden –, den ich abends dann aber wieder aufräume. Und ich lege überall auf dem Boden meine

Hauptüberschriften aus, die ich in der Struktur für wichtig und richtig erachtet habe. Dann sortiere ich die Dinge zu, die thematisch dahin gehören." Wächter setzt sich über die Konventionen hinweg und entwickelt seinen eigenen Stil einer horizontalen, begehbaren Mind-Map. „So strukturiere ich ein Thema. Ich verliere durch den Blick von oben nie den Überblick über das, was ich tue, und das hilft mir. Auf diese einfache Weise schaffe ich dann meine Ordnung, entferne Überflüssiges. Es entstehen neue Gedanken zu Verknüpfungen und die würden mir entgehen, wenn ich mit einem ‚elektrischen Gerät' arbeiten würde." Die Form muss nicht nur der Funktion, sondern auch dem Individuum entsprechen. Wächter wählt Arbeitsmethoden und Instrumente, die ihm angemessen erscheinen und die sich als wirksam erwiesen haben. Ähnlich die Vizepräsidentin der Fachhochschule Osnabrück, Marie-Luise Rehn. Auch sie hat ein Verfahren für sich entwickelt, das ihren Wahrnehmungspräferenzen entspricht. Auch sie nutzt die Fläche des Raums aus, vor allem den Fußboden. Für sie spielen Karten in unterschiedlichen Farben und Formen eine Rolle, die sie in persönlichen Brainstormings mit anschließender Clusterbildung nutzt. Die Farben, so betont sie im Gespräch, sind ein „ganzheitliches" Prinzip, werden von ihr zur Strukturierung von Sachverhalten genutzt und finden sich daher auch in Aktenordnern, Folien und bei ihren Mind-Maps wieder. Sie hat entdeckt, dass sie die seltene Gabe der kognitiven *Synästhesie* besitzt. Für sie ist es so, dass sie Buchstaben und Wörter farbig „sieht", d. h. zwei Wahrnehmungssinne sind quasi verknüpft. Für Marie-Luise Rehn erklärt sich daraus auch der farbige Ordnungssinn: „So ist das Präsidium als Begriff für mich azurblau, deshalb ordne ich auch alles – Aktenordner, Pinnkarten etc. – in der Farbe Blau."

Die Schaffung von förderlichen *räumlichen* Bedingungen kann, so die Resultate aus den Interviews, in vollkommen unterschiedliche Richtungen gehen. Für Ulrich Kruthaup ist die individuelle Ausstattung des eigenen Raums für die Produktivität wichtig: Die Zeichnungen seiner Kinder sind für ihn eine Art spirituelle Verbindung zur Familie.

Klaus Hellmann hat mit dem radikal neu gestalteten Firmenspeicher ein Raumkonzept verwirklicht, das keine jeweils einer Person zugeordnete Arbeitsstruktur vorsieht. Dabei steht ein anderer Aspekt im Vordergrund. Jeden Morgen können sich die Mitarbeiter einen Platz auswählen, der ihren momentanen Bedürfnissen und Aufgaben entsprechen soll. Der Speicher bietet so unterschiedliche Settings wie Einzel- und Gruppenarbeitsplätze, Ruhe- und Begegnungszonen, anregende und entspannende Bereiche, die als kreatives Umfeld allen zur Verfügung stehen. Manchmal sind die Lieblingsplätze dann eben besetzt und neue Plätze schaffen neue Perspektiven. Hellmann betont, dass man neue Prozesse nicht einfach durch Umzug in ein innovatives Gebäude erzwingen könne, die Arbeitsprozesse müssten bereits zuvor optimiert sein: „Man muss schon vorher das Arbeitskonzept haben. Deshalb haben wir die Vorarbeiten schon in den vorangehenden Jahren erledigt und den digitalen Arbeitsprozess entwickelt. Jetzt können die neuen Räume das unterstützen." Klaus Hellmann genießt die merklich geförderte Kommunikation und ist auch selbst an verschiedenen Arbeitsplätzen im Speicher anzutreffen. Er ist davon überzeugt, dass auch in anderen Unternehmen die Freiheit in der Gestaltung der Arbeitsplätze zunimmt. Hellmann unterstreicht, dass neben den positiven „weichen" Faktoren schon heute ökonomische Vorteile für das im Firmenspeicher realisierte Konzept nachweisbar sind; das habe eine kürzlich abgeschlossene Studie aufgezeigt.

Wenn ich die Räume der besuchten Interviewpartner Revue passieren lasse, so kann ich kein eindeutiges Muster für das Schaffen förderlicher Arbeitsbedingungen finden. Zu unterschiedlich waren die Besprechungsräume, Chefzimmer, Kreativstudios und deren jeweilige Ausstattung. Die Bandbreite reichte vom kreativen Chaos eines Mehrplatzbüros über gepflegte Einzelzimmer bis zu Arbeitsplätzen, die eigentlich keine sind, denn der „Inhaber" arbeitet an zahlreichen Orten und strukturiert sich über den tragbaren Computer. So organisiert sich zum Beispiel auch John Seymour, Besitzer mehrerer Golf-Akademien (in Österreich, der Schweiz, Deutschland und in Portugal), zwangsläufig *on the road* – per Notebook.

Gedeihliche Bedingungen lassen sich offenbar nicht auf einen idealtypischen Arbeitsplatz reduzieren. Dennoch gibt es selbst bei den erfolgreichen Führungskräften – zumindest aus meiner Sicht – zahlreiche Möglichkeiten zur Optimierung. Wilhelm Robben, der bis vor Kurzem als Generalbevollmächtigter im „Turm" der RWE in Essen sein Büro hatte und den ich dort noch interviewen konnte, bemerkte im Gespräch, dass er bei früheren Karrierestationen immer den direkten Kontakt zu Mitarbeitern aller Ebenen finden konnte und dass dies in der Zentrale der RWE nicht der Fall sei: „In diesem Gebäude hier zum Beispiel leben Sie so was von abgeschirmt ..." Das war auch mein eigener Eindruck, denn hoch über der Stadt gibt es zwar einen exzellenten Ausblick, aber das Fensterglas, der Teppich und die Einrichtung schlucken jeden Laut und es entsteht tatsächlich der Eindruck, der Lebendigkeit der Organisation entrückt zu sein.

Vermutlich werden viele der Befragten, wenn sie denn schon länger an einem festen Arbeitsplatz (= Raum) arbeiten, Verbesserungspotenziale gar nicht mehr wahrnehmen. Ansätze sind unter anderem ästhetischer und praktischer Art. Während dem Workflow im eigenen Unternehmen periodisch Aufmerksamkeit gewidmet wird, bleibt das unmittelbare Arbeitsumfeld der Führungskraft häufig vernachlässigt. Ansätze zur Verbesserung:

→ (farb-)psychologische Aspekte: Welche Stimmung will ich erzeugen?

→ arbeitsmethodische Aspekte: Inwiefern unterstützen Gestaltung und Möblierung sowie Arbeitsmittel meine unternehmerische Arbeit (das heißt meine Hauptaufgaben)?

→ kreative Aspekte: Werden Innovationen gefördert? Kann ich Gedanken skizzieren / visualisieren?

→ Motivationale Aspekte: Unterstützt mich mein Arbeitsplatz bei meiner (Selbst-)Motivation?

CONTROLLING: GESCHÄFTSPROZESSOPTIMIERUNG IN EIGENER SACHE

Gerald Kollhoff, Geschäftsführer von pharma print design in Waldkirch bei Freiburg, hat eine klare Vorstellung seinen persönlichen Arbeitsprozessen. Sein Unternehmen liefert digitale Druckdaten

(Artwork) für die pharmazeutische Industrie und orientiert sich an der Aussage „Qualität von Anfang an". Daher ist sich Kollhoff auch der Tatsache bewusst, dass diese Tätigkeiten wesentliche Strukturen vorgeben und er seine persönlichen Geschäftsprozesse als Chef an ihnen ausrichten muss: „Der Alltag wird stark von der Produktion geprägt. Ich gebe meinem Tag daher einen Ablauf, nutze To-do-Listen, Wochenplan und Monatsplan." Kollhoff ist sich bewusst, dass er seine persönlichen Arbeitsprozesse immer wieder auf Tauglichkeit überprüfen muss.

Die Selbstanalyse in diesem Bereich *(Prozesse & Strukturen)* ist aus meiner Sicht von dieser Reihenfolge abhängig:

Welche Prozesse
→ in welchen Strukturen,
→ mit welchen Methoden,
→ unter Zuhilfenahme welcher Instrumente
→ will ich koordinieren und erfolgreich bewältigen?
→ Und wie gelingt mir dies (Ergebniskontrolle)?

Obwohl es auch ein „Workflow" ist, denken nach meiner Erfahrung zu wenige Führungskräfte über ihre persönlichen Geschäftsprozesse in strukturierter Form nach. Schon das Erfassen der Tätigkeiten – wo bleibt eigentlich meine Zeit? – kann für Transparenz sorgen. Und bereits eine einfache Visualisierung der Abläufe in den Führungstätigkeiten kann die Augen öffnen und kontraproduktive Routinen, suboptimale Abläufe und unnötige Störungen erkennen lassen. Zudem gibt es zahlreiche Berater, die Unterstützung anbieten und zum Beispiel Ablagesysteme und Büroorganisation optimieren. Natürlich dürften Fragen der persönlichen Arbeitsmethodik auch immer wieder Thema in Coachings sein.

Dennoch habe ich in über zwanzig Jahren Berufserfahrung die Erkenntnis gewonnen, dass die überwiegende Mehrheit der Vorstände, Geschäftsführer, Freelancer oder Kleinunternehmer, denen ich begegnet bin, keine echte eigene Prozessanalyse betreibt: Die GPO (Geschäftsprozessoptimierung) in eigener Sache bleibt aus. Über die Ursachen kann hier nur spekuliert werden.

Es gibt Hinweise aus den Gesprächen, dass eben vor lauter Arbeit keine Zeit bleibt, um über Methoden der Selbstorganisation zu reflektieren.

Ich habe schon mehrfach auf Malik hingewiesen, der von Managern fordert, dass sie ein Kompendium von Methoden – darunter eben auch solche der Selbstführung – einfach lernen und beherrschen müssten. Folglich könnte eine weitere Ursache der ausbleibenden Geschäftsprozessoptimierung in eigener Sache auch die sein, dass schlicht das Handwerkszeug nicht gelernt wurde, zumindest nicht „alltagsfest". Der Blick in aktuelle Schulungsunterlagen etablierter Anbieter von Management-Trainings zeigt, dass – wenn überhaupt – diese grundlegenden Fähigkeiten und Fertigkeiten allenfalls für Einsteiger, also für „Jungmanager" angeboten werden. Wollen sich die Senioren einfach nicht die Blöße geben, bestimmte Methoden und Instrumente nicht zu beherrschen? So einfach ist es nun doch nicht, schließlich sind die Interviewpartner unter anderem aus dem Grund ausgewählt worden, weil sie im Ergebnis erfolgreich führen oder geführt haben. Vielleicht besteht bei den „wirksamen" Senior-Managern gar kein ausreichender Druck, die eigenen Prozesse und Methoden in Frage zu stellen, zu korrigieren oder zu ergänzen. Ich habe nur wenige Ausnahmen erlebt, wo sich ältere Führungskräfte aktiv und intensiv zum Beispiel mit neuen Technologien auseinandergesetzt haben, und zwar in einer solchen Tiefe, dass sie diese Instrumente als Bestandteil oder zur Unterstützung ihrer wesentlichen Führungsprozesse genutzt haben.

1 vgl. ebenda, S. 328ff.

2 Der Begriff geht zurück auf Leo Babauta, der einen Blog zum Thema Produktivität schreibt (http://zenhabits.net/ Stand: 06.11.2008) und von dem weiter unten noch die Rede ist (Zen To Done-Ansatz).

3 ders., „Persönliche Arbeitstechniken. Grundlagen und Methoden erfolgreichen Selbstmanagements", Speyer 1989 (3., unveränd. Aufl.).

4 vgl. a.a.O., S. 8.

5 a.a.O., S. 9.

6 Wagner favorisiert hier die STRUKTOGRAMM-Analyse, vgl. a.a.O., S. 11ff.

[7] vgl. a.a.O., S. 23.

[8] www.helfrecht.de

[9] Lothar J. Seiwert, „Mehr Zeit für das Wesentliche", München 2002 (20. Auflage), S. 41.

[10] vgl. dazu: Zollondz, H.-D. (Hrsg.): „Lexikon Qualitätsmanagement", München / Wien 2001, S. 78.

[11] Peter F. Drucker: „The Effective Executive. The definitive guide to getting the right things done". New York 2002, S. 166.

[12] vgl. a.a.O., S. 167–169.

[13] John McGrath, „You inc. – How to attract amazing success into your life and business", S. 35f.

[14] Übersetzung des englischen Statements von Leonardo Previ durch BB.

[15] vgl. Jens Uwe Martens und Julius Kuhl: „Die Kunst der Selbstmotivierung. Neue Erkenntnisse der Motivationsforschung praktisch nutzen", Stuttgart 2005 (2., aktual. und erw. Aufl.), S. 30.

[16] vgl. a.a.O., S. 46.

[17] Gerhard Fries u. a.: „Der erleuchtete Bio-Computer", Paderborn 1993, S. 35.

[18] David Allen: „Wie ich die Dinge geregelt kriege. Selbstmanagement für den Alltag", München, 2004 (2. Aufl.).

[19] so existiert z. B. das GTD-Forum (www.gtd-forum.de, Stand: 06.11.2008).

[20] http://imgriff.com

[21] http://zenhabits.net/ (Stand: 06.11.2008).

[22] ebenda, S. 359.

[23] vgl. ebenda.

PROZESSE & STRUKTUREN: MERKPUNKTE

→ **Selbstanalyse:** *Ich betreibe eine persönliche Lebens- und Zielplanung.*

→ **Aufgaben:** *Ich kenne meine Hauptaufgaben und weiß, worauf ich mich konzentrieren will – first things first.*

→ **Ziele:** *Ich setze mir Ziele, die mich ziehen und die ich sinnlich wahrnehmen kann.*

→ **GPO:** *Ich betreibe eine persönliche „Geschäftsprozessoptimierung" und überprüfe regelmäßig meine Prozesse und Strukturen.*

→ **Methoden & Instrumente:** *Ich wähle mir diejenigen Methoden und Instrumente zur Selbstführung, die für mich passen.*

→ **Rituale & Rhythmen:** *Ich schaffe mir wiederkehrende Strukturen, die meinen Rhythmen entsprechen.*

→ **Umfeldgestaltung:** *Ich schaffe mir gedeihliche Bedingungen.*

PROZESSE & STRUKTUREN: ZUR VERTIEFUNG LESEN

Tim Ferriss: „*Die 4-Stunden-Woche*"

Ein radikales Buch, geschrieben von einem jungen Selfmademan, der es mit Guerilla-Marketing geschafft hat, einen Bestseller zu schreiben. Thema: Wie schaffe ich es, mich auf die Sachen zu fokussieren, die ich wirklich tun will? Ferriss ist ein Paradebeispiel für einen Lebensunternehmer und das Buch ist gefüllt mit von ihm erprobten und gleichzeitig provozierenden Vorschlägen zur persönlichen „Prozessoptimierung".

Seiwert, Lothar J.: „*Wenn du es eilig hast, gehe langsam*".

Seiwert – der „Zeitmanagement-Papst" – hat in diesem Buch deutlich gemacht, dass Selbstmanagement der Persönlichkeit angemessen sein muss. Ich empfehle insbesondere den dritten Teil des Buchs, der sich den „typgerechten" (Seiwert) Ansätzen widmet. Das Buch bietet insgesamt eine Fülle von Checklisten, Reflexionsfragen und Anregungen.

Dan Roam: „*The Back Of The Napkin*"

Auf einer Serviette (Napkin) sind schon viele Konzepte entstanden. In diesem neuen (2008) und bisher nicht auf Deutsch erschienenen Buch regt der Autor an, mit einfachen Piktogrammen und schnellen Illustrationen das eigene Denken zu unterstützen und die Kommunikation mit anderen zu fördern.

Klaus Doppler: „*Der Change Manager*"

Veränderung von Organisationen setzt das Bewusstsein und die Fähigkeit zur persönlichen Veränderung voraus. Doppler, der sich auch mit anderen Büchern kompetent zum Thema *change management* geäußert hat, zeigt in diesem Werk, wie man sich selbst als Führungskraft mit Wandlungsprozessen auseinandersetzt. Ich empfehle hier u. a. das Kapitel 4 „Sich selbst als Firma planen".

6

FELD 6

PROJEKTE & PRODUKTE

„Es geht um die kombinatorische Fantasie ...“

ULRICH ECKHARDT

PROJEKTE & PRODUKTE

Der umgebaute „Speicher III" von Hellmann Worldwide Logistics im Hafengebiet von Osnabrück ist eine realisierte Vision, ein in die Tat umgesetztes Projekt. Er ist das Ergebnis einer über Jahre entwickelten und vorbereiteten Konzeption, die auf optimierte Arbeitsprozesse, Gelegenheit zur Kommunikation, Förderung von Kreativität und mehr Freude an der gemeinsamen Arbeit setzt.[1] In der Rückschau lassen sich viele Projekte und Produkte aus der jeweiligen persönlichen Mission oder Vision von Führungskräften ableiten – wie bei Armin Müller, dem als Kind klar war, dass er als Erwachsener Autos bauen würde. Welchen Stellenwert haben Projekte und Produkte im Kontext von Selbstführung? Sie haben eine zentrale Bedeutung, denn in unserem kulturellen Kontext verwirklichen sich in ihnen Visionen und Ideen. Insofern sind sie ein Bestandteil im Leben „wirksamer" Führungskräfte. Wie in einem Künstlerleben geht es darum, Eingebungen, Anregungen, Ideen zu Konzepten und dann zu Werken werden zu lassen. Daher soll hier – je nach Perspektive der Interviewten – von Lebensprojekten und Langzeitvorhaben, von wesentlichen Produkten oder Dienstleistungen die Rede sein. Abschließend sollen Schlüsselfaktoren zum Feld *Projekte & Produkte* innerhalb unseres Themas Selbstführung abgeleitet werden.

Leitfragen können in diesem Zusammenhang sein:

→ Wie kommt meine Leidenschaft zum Ausdruck?

→ Welchen Nutzen biete ich wem?

→ Welches Problem löse ich?

→ Wie kommuniziere ich meine Angebote?

→ Wie kann ich mich positionieren?

WOW-PROJEKTE

Die Identifikation mit den eigenen Produkten lebt John Seymour vor, der zu den besten Golf-Professionals („Advanced PGA Professional") zählt. Seymour ist aber nicht nur Golflehrer, sondern auch umtriebiger Unternehmer. Das Interview fand im Winter in Portugal statt und ich konnte erleben, wie Seymour seine Produktidee in die Tat umgesetzt hat. In der Nebensaison, wenn das Golfspielen in Nordeuropa schwierig wird, bietet das gemäßigte Klima in Portugal Gelegenheit, das eigene Handicap zu verbessern – dieses Angebot hat er gezielt entwickelt und vermarktet. Er nennt die Fähigkeit, den Kontext zu verschieben und neue Produkte zu entwerfen, „paradox thinking". Zentral ist es für Seymour, die eigenen Stärken zu kennen und sie strikt weiterzuentwickeln („Entwickle deine Stärken, halte an deinen Stärken fest").

Ein Beispiel für einen jüngeren Unternehmer ist Alexander Schrage. Mitte dreißig, führt er bereits zwei eigene Supermärkte, die er konsequent in Richtung Qualität entwickelt. Er lebt sein Projekt und ihm ist bewusst, dass er von seinen Mitarbeitern nur dann die volle Leistung verlangen kann, wenn er selbst ein Vorbild dazu gibt. Deswegen setzt er sich bei seiner Arbeit zu einhundert Prozent ein. Natürlich ist auch ihm klar, dass er immer wieder Eigenzeit und Rückzugsmöglichkeiten benötigt, um seine Produktkonzeption zu überdenken und weitere Gestaltungsschritte zu unternehmen. Eine anspruchsvolle Situation, die vor allem auch für jüngere Führungskräfte gilt: Wie finde ich – bei allem Engagement – auch die Möglichkeit zur Regeneration und zum Rückzug? Schrage hat für sich erkannt, dass er durch professionelles Coaching seine eigene Wirksamkeit positiv beeinflussen kann.

Im Kapitel *Vision & Mission* habe ich bereits thematisiert, wie Führungskräfte Zugang zum eigenen Lebenszweck gefunden oder diesen Zweck für sich geschaffen haben. Die Projekte und Produkte bauen auf dieser „Grundlagenarbeit" der Selbstführung auf. Sie übersetzen das, was entweder als innerer Sinn nach Verwirklichung verlangt oder was als Gelegenheit auf dem Lebensweg erkannt wurde, in einen „Ausdruck". Führungskräfte wie Seymour, Schrage oder Weller *leben* ihr Projekt und versuchen in der Alltagspraxis, sich immer wieder auf ihre Kernkompetenzen zu fokussieren.

Hardy Wagners Buch „Persönliche Arbeitstechniken" wurde bereits erwähnt. Auf der Basis einer gründlichen Selbstanalyse sind drei zentrale Fragen zu beantworten:

→ Was ist mein spezielles Problemlösungsangebot?

→ Wer ist an diesem Angebot ganz besonders interessiert?

→ Wie kann ich dieses Angebot nachfrageorientiert ständig verbessern?[2]

Die Lebens- und Zielplanung habe, so Wagner, auf den Antworten aufzubauen. Auf den ersten Blick erscheint dieser Ansatz fast mechanistisch, denn schließlich verbinden viele Führungskräfte mit Lebenszielen und eigenen Projekten vor allem auch Leidenschaft. Genau diesen Punkt stellt der Managementguru Tom Peters in den Vordergrund.[3] Peters erläutert in unnachahmlicher Weise, dass unter einem *Wow-Projekt* eine Aktivität zu verstehen ist, die mit ganzem Herzen, vollem Einsatz und erster Priorität gelebt wird: „Ich = meine Projekte". Peters betont,

→ dass Projekte mit Emotionen verknüpft sind – also solle man auf Bauch und Herz hören, wenn es darum geht, sich für ein Projekt zu entscheiden (was ist mir wichtig? Was ist für das Unternehmen wichtig?);

→ dass jedes Projekt in ein „Wow-Projekt" verwandelt werden kann, es brauche nur Leidenschaft dazu;

→ dass in jedem Projekt eine Chance für nachhaltiges Lernen steckt – er nennt in diesem Zusammenhang Richard Branson, der ständig Verbesserungsideen und Beobachtungen in kleine Notizbücher schreibe;

→ dass über das Projekt kommuniziert werden solle – nicht verstecken, sondern zeigen. „Prototypen bauen", verkaufen

Woran merke ich denn, ob es sich um ein „Wow-Projekt" handelt? Auf diese Frage hat Peters eine eindeutige, kompakte Antwort – in Form von fünf Kriterien, die erfüllt sein müssen: „Toll! Wunderschön! Revolutionär! Starke Wirkung! Bringt die Leute zum Schwärmen!"[4] Aus der Sicht von Peters gibt es unzählige Projekte, die aufgegriffen und zu eigenen Teilzeit- oder Lebensprojekten gemacht werden können. Daraus ist zu schließen, dass es nach Peters auch keine zwingende Ableitung eines erfolgreichen Projekts aus der eigenen Mission oder Vision geben muss. Vielmehr gilt es, Gelegenheiten zu ergreifen und sich zu eigen zu machen, mit vollem Einsatz. Wir werden im Folgenden noch am Beispiel von Ulrich Eckhardt, der fast ein Vierteljahrhundert die Berliner Festspiele geleitet hat, sehen, dass es um „kombinatorische Fantasie" (Eckhardt) geht, um das Entdecken von Gelegenheiten und deren Nutzung im Rahmen der eigenen Fähigkeiten und der persönlichen Vision.

PERSÖNLICHE VERANTWORTUNG UND NUTZEN FÜR ANDERE

(Lebens-)Projekte und Produkte setzen aber auch die Übernahme von persönlicher Verantwortung voraus. Egal ob Freiberufler, Mitglied in einem Projektteam, Geschäftsführer oder Vorstand, die Verantwortung setzt zunächst bei der eigenen Person, bei dem eigenen Leben an. Christian Lutz hatte bereits Mitte der 1990er Jahre den Begriff des „Lebensunternehmers" definiert:

„Lebensunternehmer nennen wir Menschen, die sich für ihr eigenes Leben wie für ein Unternehmen verantwortlich fühlen. In der Auseinandersetzung mit einem dynamischen Umfeld entwickeln sie die eigenen Fähigkeiten und Möglichkeiten und nutzen sie zur weiteren Entwicklung sowie zur Mitgestaltung des Umfeldes."[5]

Rainer Thieme, der auf seinem Berufsweg sowohl in operativer Verantwortung tätig war als auch verschiedene Aufsichtsräte führte und führt, betont die Notwendigkeit, sich selbst als Vorbild für die

Mitarbeiter und für andere Führungskräfte zu sehen. Thieme sieht die Notwendigkeit, dass Führungskräfte die Menschen, die ihnen anvertraut sind, mitnehmen. Als Vorsitzender der Geschäftsführung des Autobauers Karmann hat er zahlreiche langfristige Projekte und Produkte gesteuert. Er unterstreicht, dass innerhalb des Unternehmens, aber auch im Kontext der Lieferanten und Auftraggeber eine langfristige Zusammenarbeit wesentlich ist, unter der Prämisse von Zuverlässigkeit und gegenseitigem Vertrauen. Thieme betont immer wieder, wie wichtig es sei, sich selbst treu zu bleiben, auch bei großen Widerständen.

Auch Volker Odenbach, bis Anfang 2009 Diözesan-Caritasdirektor in Paderborn, hebt den Stellenwert von Selbstführung im Sinne der Verantwortung für das eigene Leben und die eigene Person hervor. Er sieht verbindliche Ansprüche an die eigene Person als Voraussetzung für Ansprüche an andere und leitet dies aus seiner christlichen Grundhaltung ab.

Barbara Graf-Reinken, Multi-Unternehmerin mit eigenem Restaurant, ist selbst in einem Unternehmerumfeld groß geworden und kennt als Gastronomin die Notwendigkeit, einen maximalen Kundennutzen zu bieten. Sie setzt auf das schnelle Feedback im Kontakt mit ihren Gästen und wird vom Erfolg ihrer Tätigkeit motiviert.

Die eigene Tätigkeit kann und soll aber auch innerhalb des Unternehmens Nutzen stiften – die eigenen Produkte und Projekte sollen also, wenn möglich, auch einen positiven Effekt für die beteiligten Mitarbeiter haben.

SELBSTPOSITIONIERUNG: ICH BIN DIE MARKE

In meinen Lehrveranstaltungen zum Thema Führung entzünden sich immer wieder Diskussionen an der Fragestellung, inwieweit sich Führungskräfte selbst darstellen und vermarkten müssen. Bei vielen Studenten besteht eine Abwehrhaltung gegen diesen Aspekt, der im Führungsalltag doch offenbar eine große Rolle spielt. Die Schattenseiten einer auf Außenwirkung und Selbstdarstellung bedachten sogenannten Managerelite werden in dem oben erwähnten Artikel des Manager Magazins *(Absturz der Superstars*[6]*)* analysiert. Über den Ex-Chef der Deutschen Post hieß es dort: „Das

Riesenimage, so wissen wir heute, war indes größer als der Mensch Zumwinkel; der war bloß ein Scheinriese".

Gibt es aus den Interviews positive Beispiele – Führungskräfte, denen es gelingt, sich zu vermarkten, ohne dabei in Selbstverliebtheit oder Ignoranz gegenüber der Außenwelt zu verfallen? Solche Menschen gibt es sehr wohl, etwa den FDP-Bundestagsabgeordneten Carl-Ludwig Thiele. Er ist, obwohl mittlerweile seit mehreren Legislaturperioden im Bundestag tätig, dennoch nahezu täglich darauf angewiesen, in den Medien in Erscheinung zu treten. Wenngleich nach seiner Auskunft ein großer Teil seiner Zeit durch Sitzungstermine und Veranstaltungen fremdbestimmt ist, so gelingt es Thiele dennoch, zahlreiche Initiativen zu starten, die über seinen eigentlichen Schwerpunkt, die Finanzpolitik, teilweise weit hinausgehen. Wie andere Politiker auch, äußert sich Thiele im Rahmen seiner Kernkompetenzen in Interviews und regelmäßigen Kolumnen. Aber er ergreift auch in anderen Feldern sich bietende Chancen. So initiierte er eine Sonderbriefmarke, die das Thema Varusschlacht aufgreift, oder sorgte dafür, dass ein Bild des Malers Felix Nussbaum für das gleichnamige Museum erworben werden konnte.

Apropos Maler: In einem kurzen Exkurs über Marcel Duchamp werde ich aufzeigen, was von einem erfolgreichen Künstler in Sachen Selbstvermarktung gelernt werden kann. Tatsächlich zeigen auch die anderen Facetten von Selbstführung, dass erfolgreiche Führungskräfte einiges gemeinsam haben mit den Fähigkeiten, Eigenschaften und *mindsets* von Künstlern.

Götz W. Werner betont, dass sich der Unternehmer als Repräsentationsfigur erkennbar vor seinem Unternehmen platzieren muss. Viele Interviews und öffentliche Auftritte zeugen davon, wie er für sein Unternehmen durch seine eigene Person geworben hat. Gleichzeitig ist es ihm aber immer wieder gelungen, Platz zu machen für seine Mitarbeiter, diese in den Vordergrund treten zu lassen und so deren Eigenverantwortlichkeit damit zu fördern. „Führung ist nur legitim", so Werner im Interview, „wenn sie die Zielsetzung hat, dass die Menschen sich zunehmend selbst führen können."

In der Managementliteratur finden wir wertvolle Hinweise bei Tom Peters, der das Konzept, sich selbst als Marke zu verstehen, auf den Punkt gebracht hat: „Brand You".[7] Der Ansatz ist klar: Das Individuum braucht eine Differenzierung, um erkennbar zu sein (oder zu werden). Der Aufbau einer „persönlichen Marke" ist das Ziel.

Wer hier weiter eintauchen möchte, dem sei das Buch „Managing Brand Me" empfohlen.[8] Das *personal branding,* welches die Autoren Gad und Rosencreutz empfehlen, basiert auf der Idee, dass Marken bei den Rezipienten vor allem im Geist wirken und dass dieses Bild beeinflussbar ist. Sie folgern, dass das geistige Bild, welches durch eine persönliche Marke in anderen Personen vermittelt werden kann, durch gezielte Maßnahmen zu prägen ist. Unter dem Begriff *Brand Me Code*™ soll herausgearbeitet werden, wofür die Person steht.[9] Das umfasst die „Definition der Schlüsselelemente der Persönlichkeit", die „Klärung von Nutzen, Positionierung, Style, Mission, Vision, Werte[n]" sowie das „Brand Me-Motto".

Exkurs – **MARCEL DUCHAMP: HOW TO SURVIVE AS AN A.R.T.I.S.T.**
Selbstführung ist eine Kunst. Um ein herausragendes Werk zu schaffen, bedarf es sicherlich einer besonderen Idee, eines neuen Ansatzes, einer neuen Sichtweise. Aber die naive Vorstellung, Kunst sei vor allem Eingebung, reduziert den Schöpfungsprozess auf den Part „Eingebung", der im Produktionsalltag eines Künstlers nur einen geringen Prozentsatz seiner (oder ihrer) Arbeitszeit ausmacht. Vielmehr sind Fleiß, Disziplin, Sorgfalt in der Ausführung und, in vielen Fällen, auch Kooperation gefragt, um ein Werk von der Idee in die Vollendung und Präsentation zu bringen. In diesem Zusammenhang stellen sich für Künstler damit ähnliche Fragen wie auch für Führungskräfte: Wie entwickele ich eigene Produkte und wie positioniere ich diese im Rahmen eines Marketings optimal?

1998 habe ich am Art Institute Of Boston einen Workshop durchgeführt, der sich der Frage widmete, wie ein Künstler diese Aufgaben erfolgreich bewältigen kann.[10] Am Beispiel des Franzosen Marcel Duchamp (1887–1968) haben wir untersucht, wie er es geschafft hat, seine Werke postum genau so zu platzieren, wie er es zu Lebzeiten geplant hatte und wie es ihm gelingen konnte, eine Reputation innerhalb der Kunstgeschichte und unter anderen Künstlern zu erzeugen, die nahezu ohne Vergleich ist. Hinsichtlich seiner

Lebensrollen und Lebensstrategien habe ich ihn als „Multipreneur" eingestuft (mit einem Begriff von Tom Gorman); damit soll deutlich werden, dass er eine ganze Reihe von Rollen verkörpert hat, um quasi unternehmerisch tätig zu werden. So hat er nicht nur Kunstwerke anderer Künstler an- und verkauft, sondern erprobte sich unter anderem auch als Mitglied des französischen Schachteams und als Unternehmer in eigener Sache. Für unsere aktuelle Fragestellung, wie im Rahmen von Selbstführung die erfolgreiche Entwicklung, Realisierung und Vermarktung von (Lebens-)Projekten und Produkten gelingen, habe ich Duchamps Erfolgsfaktoren seinerzeit (1998) mit dem Akronym A.R.T.I.S.T. abgekürzt:

A *steht für „Art" (Kunst) in einem sehr weiten Sinn*
„Kunst in einem sehr erweiterten Sinne" bedeutet, dass diese für Duchamp eine Lebenseinstellung bezeichnet, und eine Rollenflexibilität und ein undogmatisches Verhältnis zu ihr einschließt. In den verschiedenen Phasen hat er sich unterschiedlichster Methoden und Verfahren bedient und diese für seine eigenen Werkprozesse pragmatisch genutzt. Bei aller Intuition des Schaffens war es der Verstand des Künstlers, der die künstlerischen Entscheidungen traf.

R *steht für Reputation*
Es geht um das aktive Beeinflussen der eigenen Reputation: Duchamp ist es gelungen, die Kontrolle über die Rezeption seines Werkes zu erlangen. Er hat Marketingwerkzeuge erfunden (z. B. eine Art Vertreterkoffer mit Miniaturen seiner Arbeiten) und seine eigenen Kunstwerke im Recycling wieder verwendet oder gar multipliziert. Mit diesen klug gewählten Instrumenten hat er Einfluss darauf genommen, wie sich sein Ruf gebildet hat – mit Wirkung über seinen Tod hinaus.

T *steht für „Thread" (Faden)*
Thread, der rote Faden im Leben und im Werk von Duchamp ist in großen Teilen von ihm selbst gelegt worden, und zwar erst in der Retrospektive. Nach dem Motto „fake your own history" – oder:

Konstruiere dir deine eigene Geschichte – hat es Duchamp verstanden, im Nachhinein aus sich selbst eine Marke mit stringentem Konzept zu machen.

I *steht für Intuition*
Duchamp war sich früh darüber bewusst, dass er den Betrachter, den Rezipienten berücksichtigen musste. Er selbst behauptete, dass der Künstler nur ein Medium sei, der aus seinem intuitiv erschlossenen Reservoir schöpfen müsse. Auch wenn er in seiner Vermarktung strategisch vorging, so war ihm dennoch bewusst, dass seine eigene Kunstproduktion sich aus der Intuition speiste.

S *steht für Strategie*
Wenige Künstler haben vor Duchamp oder zu dessen Lebzeiten einen vergleichbar großen Wert auf Vermarktung gelegt. Während ihn die Intuition „nährte", so galt es doch, die Regeln und Mechanismen des Kunstbetriebs zu analysieren und strategisch für sich zu nutzen. Letztlich wollte er sicherstellen, dass ein Produkt von ihm auch von Rezipienten und Käufern als Kunstwerk betrachtet wurde. Es war Teil seiner Strategie, dass er zum Ausstellungsdirektor seiner eigenen Werke wurde und seine Position in der Kunstgeschichte aktiv beeinflusste.

T *steht für „Trust" (Vertrauen)*
Ich kann lediglich vermuten, dass Duchamp ein hohes Selbstvertrauen und ein entsprechend hohes Selbstwertgefühl besaß. Nach allem, was über ihn bekannt ist, dürfte davon auszugehen sein. Allerdings spricht auch einiges dafür, dass sich das Selbstwertgefühl erst mit fortschreitendem Alter und Erfolg herausgebildet und stabilisiert hat. Er war offenbar immer von der Qualität seiner Arbeiten überzeugt, denn er hat selbst früheste Werke, ja eine immense Anzahl von Notizen und Skizzen aufbewahrt und zu seinem Oeuvre gezählt. Viele Quellen belegen, dass es sein Selbstvertrauen und sein besonderer Charme waren, die ihn nicht nur erfolgreich, sondern auch attraktiv für Kritiker, Sammler und andere Künstler machten.

FÜGUNG UND KOMBINATORISCHE FANTASIE

Ist eine eigene klare Vision die unabdingbare Voraussetzung für persönlichen Erfolg? Offenbar nicht unbedingt, denn ich habe einige Führungskräfte gesprochen, deren Erfolg unbestritten ist, die aber keiner eindeutigen Vision gefolgt waren. Selbstführung kann auch gelingen, wenn man wie ein Scout Fährten folgt, Spuren analysiert und sich dann entscheidet, neue Wege zu gehen (ein Beraterkollege aus meinem Netzwerk, Jürgen Schulte-Wieking, begreift sich in diesem Sinne als *Business Scout*). Besonders erfolgversprechend aber ist es, eigene innere Zielvorstellungen mit den Gelegenheiten, die sich bieten, zu verknüpfen.

Martin Blome, Geschäftsführer des Autohauses Tamsen bei Bremen, ist ein ausgezeichnetes Beispiel für eine Führungskraft, die Gelegenheiten erkennt und nutzt. Die Frage, ob er seit jungen Jahren eine klare Vision seiner beruflichen Laufbahn gehabt habe, verneint Blome rundweg – und beschreibt stattdessen, wie er als Auszubildender bei Tamsen angefangen habe und wie sich sein Weg entwickelte: „Es fügte es sich, dass ein Auszubildender bei Tamsen gesucht wurde, jemand vom Arbeitsamt kam und sagte: ‚Ihr könntet zusammenpassen.'" Blome, der häufiger vom Phänomen der Fügung in seinem Leben spricht, ergriff die Chance. Er lernte den Gründer, Heiner Tamsen, kennen und traf den Entschluss, dort unbedingt arbeiten zu wollen: „Ich habe angeboten, umsonst zur Probe zu arbeiten und bin gleich da geblieben. Das war eine Weggabelung." Um einen ungewöhnlichen geschäftlichen Erfolg zu erzielen, das haben wir im Abschnitt *Teamwork in der Organisationsspitze* bereits gesehen, braucht es Menschen, die sich in ihren Fähigkeiten ergänzen. Dies war für Martin Blome auch im weiteren Verlauf seiner Karriere wesentlich: „Wir haben in der Folgezeit das Unternehmen aufgebaut. Heiner Tamsen war der Visionär, ich war sein ‚kritisches Moment'. Das war eine schöne Ergänzung die ganzen Jahre über."

Blome etablierte sich in der Organisation und als der Gründer sein Unternehmen 2004 an den Amerikaner Roger Penske verkaufte, bot sich für Blome die Gelegenheit, die Geschäftsführung zu übernehmen. Penske bestellte ihn für ein Sechzig-Sekunden-

Interview nach Detroit, um ihm die einzige und entscheidende Frage zu stellen: „Kannst du das?" Mit Bauchkribbeln bejahte er diese Frage und reiste als Geschäftsführer zurück nach Deutschland.

Ähnliches habe ich von einigen meiner Interviewpartnern gehört. Sie hatten zwar kein fixiertes eigenes Zukunftsbild als dauerhafte Orientierung. Aber dennoch sind diese Führungskräfte von dem Gefühl erfüllt, dass sich die Dinge in ihrem Leben fügen, dass es, zumindest in der Rückschau, einleuchtend für sie erscheint, wie sich die Gelegenheiten zeigten, wie sie diese ergriffen haben und wie daraus eine persönliche Erfolgsgeschichte wurde.

Ulrich Eckhardt ist in diesem Buch schon mehrfach erwähnt worden. Er hat im Gespräch den Begriff der *kombinatorischen Fantasie* benutzt und ist sicherlich selbst *das* Referenzbeispiel. Aus Eckhardts Sicht als Kulturmanager kommt es sowohl auf Gelegenheiten, also etwa Projekte, als auch auf Visionen an: „Ich glaube, man muss von beidem etwas haben, um wirklich erfolgreich zu sein. Derjenige, der nur Gelegenheiten ausnutzt, wird auf die Dauer keinen Erfolg haben; und derjenige, der nur Visionen hat und keine Gelegenheiten erkennt, der wird ebenfalls keinen Erfolg haben. Es geht um die kombinatorische Fantasie. Das heißt also, man muss Gelegenheiten verschiedener Art in Zusammenhang bringen, damit irgendwas zündet. Das ist genau so, wie wenn Sie ein Streichholz zum Feuermachen haben – die Reibfläche reicht nicht, und das Streichholz auch nicht. Erst wenn Sie da etwas aneinander bringen, gibt es den Funken." Mit seiner „kombinatorischen Fantasie" liefert Eckhardt einen zentralen Ansatz. Dann entstehen erfolgreiche Projekte und Produkte, wenn im Rahmen der Selbstführung innere Vorstellungen, Fähigkeiten und Leidenschaft auf eine Gelegenheit projiziert werden und Wirksamkeit entfalten.

PROJEKTE UND PRODUKTE BRAUCHEN KOMMUNIKATION

„Man muss sich als Führungskraft bewusst sein, dass jeder Satz, jede Verhaltensweise wahrgenommen wird", so Michael Radau, der als Gründer und Vorstand der SuperBioMarkt AG (Münster) sein Lebensprojekt Wirklichkeit werden ließ. Wenn Radau einen der mittlerweile fünfzehn Standorte seiner Gruppe besucht, so ist ihm bewusst, dass man – nach Watzlawick – nicht *nicht* kommunizieren kann. Für ihn ist es wichtig, sich der eigenen Verhaltensweisen bewusst zu sein und ein angemessenes Verhalten gegenüber den Mitarbeitern zu trainieren – etwa zunächst das Positive im besuchten Markt zu registrieren und zurückzumelden. Wenngleich Radau in Nordrhein-Westfalen Marktführer in seinem Segment ist, bleibt er dennoch bescheiden und betont, „dass die Aufgaben, Ziele, Sachen, die wir erreichen und erreichen werden, nur zu einem kleinen Teil von mir beeinflusst sind". Daher müsse der Begriff „Teamarbeit" verinnerlicht sein.

In dieselbe Richtung geht auch Lothar Zechlin, der selbstkritisch äußerte: „Das ‚Geheimnis meines Erfolgs' sind nicht die Methoden und Instrumente, sondern dass ich kommunikativ bin und Teams aufbaue, und darin auch Verantwortung übernehme." Als Gründungsrektor der fusionierten Universität Duisburg-Essen benötigte Zechlin eine gehörige Portion an kommunikativer Kompetenz. Er nahm die Herkulesaufgabe der Zwangsverheiratung der beiden Hochschulen an und konnte in diesem Projekt seine eigenen Fähigkeiten und Vorstellungen nutzen.

[1] vgl. die Internetseite unter http://www.hellmann.net/de/globalnews/archive/neuearbeitsweltenbeihellmannworldwidelogistics, Stand: 13.10.2008.

[2] a.a.O., S. 17; vgl. hierzu auch den Absatz „Selbstpositionierung: Ich bin die Marke" in diesem Kapitel.

[3] vgl. den Artikel The Wow Project in FAST COMPANY Magazine (April 1999).

[4] Der Stil von Tom Peters lässt sich nicht angemessen in die deutsche Sprache übertragen. Meine Übersetzung oben soll zumindest eine Annäherung an den englischen Text sein; hier das Original: Wow! Beautiful! Revolutionary! Impact! Raving fans!

[5] ders.: „Leben und Arbeiten in der Zukunft", München 1997.

[6] Manager Magazin 6/2008.

[7] erläutert z. B. in FAST COMPANY Magazine Ausgabe 10 (August 1997).

[8] Thomas Gad und Anette Rosencreutz: „Managing Brand Me. How to build your personal brand", London (Pearson) 2002; mittlerweile ist eine deutsche Übersetzung unter dem Titel „4D Branding" erschienen.

[9] http://www.brandflight.com/de/personal-branding/program/, Stand: 13.10.2008.

[10] Workshop How To Survive As A.R.T.I.S.T – Examples From The Life Of Marcel Duchamp; Art Institute Of Boston; das Konzeptpapier dazu ist unter http://www.bensmann.org (Stand: 10.02.2009) im Bereich ART downloadbar.

PROJEKTE & PRODUKTE: MERKPUNKTE

→ **Verantwortung:** *Ich übernehme persönliche Verantwortung für mein eigenes Leben und begreife mich als Unternehmer in eigener Sache.*

→ **Leidenschaft & Nutzen:** *Meine Leidenschaft findet ihren Ausdruck in geeigneten Projekten und Produkten, die einen Nutzen für andere bieten.*

→ **Kommunikation:** *Ich positioniere mich so, dass ich mit meinem Nutzen erkennbar bin.*

→ **Vision, Können und Gelegenheiten** *bringe ich zur Deckung – ich nutze meine „kombinatorische Fantasie".*

→ **Lernen:** *Projekte und Produkte sind für mich die Gelegenheit zum Lernen und zur Selbstentwicklung.*

PROJEKTE UND PRODUKTE: ZUR VERTIEFUNG LESEN

Rainer Nahrendorf: *„Der Unternehmer-Code"*
Bereits im Kapitel *Fähigkeiten & Selbstentwicklung* habe ich auf dieses Buch verwiesen. Die zahlreichen Geschichten über Unternehmer machen Mut und regen an, sich mit eigenen (Lebens-)Projekten auseinanderzusetzen.

Tom Peters: *„Re-Imagine. Spitzenleistungen in chaotischen Zeiten"*
Dieses Buch ist prall gefüllt mit Anmerkungen, Anregungen und Fallbeispielen zum Thema Projekte und Produkte. Insbesondere die englische Urversion ist spektakulär hinsichtlich der Buchgestaltung.

Seth Godin (Herausgeber): *„The Big Moo. Stop Trying To Be Perfect And Start Being Remarkable"*
Zu diesem Buch haben insgesamt dreiunddreißig Autoren beigetragen. Leider liegt es nur auf Englisch vor; es bietet zahlreiche Ideen und Anregungen, wie man ungewöhnliche Projekte und Produkte schaffen kann.

7

FELD 7

MEHRWERT

„Mit Erfolg fühle ich mich wohler ... “

ALBERT HAWIGHORST

MEHRWERT

Als Mitgründer und heutiges Aufsichtsratsmitglied des Fahrzeugteilelieferers Wessels und Müller kann Hans-Heiner Müller auf jahrzehntelange Führungserfahrung zurückblicken. Auf die Frage, was ihn bei seiner Arbeit antreibe, antwortet er: „Ich motiviere mich schon eindeutig über die soziale Anerkennung, über Geld. Es macht mir Spaß, kaufmännisch tätig zu sein." Ihm ist bewusst, dass er jetzt, nach Abschluss seiner operativen Leitungstätigkeit, die Früchte ernten kann, die er durch den Aufbau der Firmengruppe angebaut hat – und er genießt es.

In den sieben Feldern meines Modells zur Selbstführung sind wir bei dem letzten Feld angekommen: der Frage nach dem Mehrwert. Wenn es nach Drucker um die Wirksamkeit des Handelns geht, sind auch die Ergebnisse des eigenen Tuns zu überprüfen: Worin liegt der Mehrwert, den ich geschaffen habe? Woran messe ich, ob ich erfolgreich war? Aus meiner Sicht bedarf es daher einer eigenständigen Perspektive auf die Ergebnisse des persönlichen Schaffens. Der Zeitrahmen, der bewertet wird, mag dabei kurz- oder langfristig sein. Befragt nach seinem derzeit profitabelsten Investment, antwortete Utz Claassen, Manager bei Cerberus, in einem Magazininterview: „Die Einrichtung eines Promotionsstipendiums im Namen meines Vaters ... die Rendite dieses Investments ist der Erkenntnisgewinn für die Gesellschaft."[1] Und der australische Makler John McGrath beschreibt in „YOU inc." die angestrebten Auswirkungen der eigenen Arbeit wie folgt: *„Ich glaube, dass unternehmerische Aktivität drei wesentliche Ergebnisse hat: Sie ist ein Vehikel, um über sich und das Leben zu lernen, sie ermöglicht es, einen Beitrag zur Gemeinschaft zu liefern und sie liefert einem die Grundlagen für ein interessantes und unterhaltsames Leben."*[2]

In diesem Kapitel geht es also um den Handlungsertrag in seinen verschiedenen Facetten. Die Interviews werden unter der Fragestellung nach dem Ergebnis der durch Selbstführung realisierten Handlungen, Produkte oder (Lebens-)Projekte untersucht.

Da dieser Aspekt nicht in allen Interviews behandelt wurde, habe ich bei einer Auswahl der Gesprächspartner zusätzlich per E-Mail nachgefragt, woran sie den Erfolg ihrer Tätigkeiten messen. Die Ergebnisse ergänze ich wieder durch Verweise auf die Literatur.

Leitfragen können sein:

→ Inwiefern habe ich (m)eine Vision realisiert?

→ Was genau ist für mich „Erfolg"?

→ Woran messe ich persönlichen Erfolg?

→ Wer – außer mir – hat von meinen Handlungen profitiert?

→ Habe ich einen Nutzen auch für andere gestiftet?

PERSÖNLICHE INDIKATOREN FÜR ERFOLG

Auf meine E-Mail-Nachfrage bekam ich sehr unterschiedliche Antworten darauf, woran persönlicher Erfolg gemessen wird. Als Unternehmer mit zahlreichen Autohäusern meldete mir Burkhard Weller zurück, dass man Erfolg „an der Kasse, also in der Regel monetär" messen könne. Aber das ist laut Weller nicht alles. Es stelle ebenfalls einen Erfolg dar, wenn es ihm gelinge, freie persönliche Zeit zu gewinnen – was, nach Weller, eine gut gefüllte Kasse voraussetze. Und so sieht er hier eine Wechselbeziehung: „Nur wer den Kopf frei hat, ist kreativ. Und kein Kreativer ist wirklich erfolgreich, wenn er unter Zeitdruck arbeiten muss. Erfolg braucht also Muße, Pause, um wieder den nächsten Erfolg zu ermöglichen."

Für Ralf Sjuts gibt es ein unmissverständliches Kriterium für den eigenen beruflichen Erfolg: „Indikator für die Messung des Erfolgs ist für mich allein ein Abgleich zwischen Soll und Ist, zwischen Ziel und Ergebnis. Um Erfolg überhaupt messen zu können, bedarf es meines Erachtens immer einer klaren messbaren

Zielstellung und eines Vergleichs mit dem erreichten Ergebnis." Sjuts erläuterte dies anhand seines Projekts, für die Volkswagen AG eine eigene Betriebskrankenkasse aufzubauen. Hier sei er „voll ins Risiko gegangen" und habe sogar seinen bisherigen Posten als Vorstand der Deutschen BKK dafür aufgegeben.

Kann ein Indikator für persönlichen Erfolg auch ein Gefühl sein? Albert Hawighorst bejaht dies: „Mit Erfolg fühle ich mich wohler, auch körperlich spüre ich dann Adrenalin. Mein Wohlbefinden steigt! Andersherum wirkt es mit Misserfolg übrigens auch, ich fühle mich ‚mieser'. Es hat damit zu tun, jedenfalls meine ich es für mich, mit welcher Qualität ich Aufgaben erfülle und welches Feedback daraus resultiert."

ERFOLG IST AUCH DER GEWINN DER ANDEREN MENSCHEN

Dass „Erfolg" vor allem auch der Erfolg der anderen ist, wird aus den Antworten von Margarethe Schmidt Sonntag deutlich: „Erfolg ist, wenn ich und andere im Projektprozess wachsen oder – richtiger gesagt – Neugier und Lebendigkeit leben." Und: „Erfolg ist, wenn Menschen in meinem Umfeld sich über die Ernte der ‚Anstrengung' freuen können – richtig freuen können." Aus ihrer Sicht ist es auch ein Aspekt von Erfolg, wenn die Menschen in einem von ihr initiierten oder mitgestalteten Projekt dieses dann allein weiterführen, es ‚leben', auch ohne dass sie selbst weiter dabei sein muss.

Ich hatte oben (in den Abschnitten *Wege ins Innere* und *Ästhetisches Leben und Fließgleichgewicht*) über die Notwendigkeit der Präsenz gesprochen. Margarethe Schmidt Sonntag betont eine Facette, die genau darauf zielt: „Erfolg ist, wenn ich nicht immer nach Erfolg suche, sondern im Hier und Jetzt bin und handele und das lebe, was ich lehre." Sie betont, ähnlich wie Hawighorst, dass Erfolg gefühlsmäßig erfasst wird: „Wenn ich natürliche körperliche, seelische und emotionale Energie, Kraft, Freude in mir spüre."

Für Ulrich Eckhardt liegt ein Teil des Mehrwertes seines Tuns ganz offensichtlich in der Förderung anderer Menschen. In vielen großen Projekten hat der ehemalige Leiter der Berliner Festspiele auf seine Mitarbeiter gesetzt und diese gefördert: „Erstmal sieht man genau hin. Menschen muss man anschauen, und dann muss man sich auch auf seine Intuition verlassen. Es ist ja so, dass ein gutes Dutzend der Leute, die bei mir sozusagen als Hilfskräfte angefangen haben, heute in Führungspositionen sind – auf die habe ich gesetzt. Und ich habe ihnen mein volles Vertrauen geschenkt und dieses Vertrauen auch dadurch untermauert, dass ich alle Fehler, die sie machten, auf mich genommen habe. Und alle Erfolge, die sie hatten, habe ich sie auch selbst vorzeigen lassen." Sein Prinzip sei es immer gewesen, sich bei Fehlern schützend vor die Mitarbeiter zu stellen. „Und das ist dieses Grundvertrauen zur anderen Person, das schützt nicht vor Enttäuschungen, die man natürlich auch irgendwie hat. Ein guter Manager muss vergessen können – und ich bin extrem vergesslich. Das heißt, ich kann immer neu anfangen."

Die zentrale Metapher des schöpferischen Akts ist für Armin Müller das Puzzle, das gemeinsam zusammengelegt werden muss. Er schafft in seinem Umfeld ein Klima, in dem sich die Mitarbeiter öffnen können: „Das ist die Vorstufe dazu, dass jemand überhaupt bereit ist, sich einzulassen und zu sagen, ich erzähle jetzt, was ich für richtig halte. Wenn die Leute beginnen, ihre Ergebnisse auf den Tisch zu legen, dann beginnt das ganze Thema zu wachsen, dann beginnt das Puzzle zu entstehen, die Teile werden dann sichtbar. Und man braucht wieder alle, um das Puzzle zusammenzusetzen." Der Erfolg ist dann ein Gemeinschaftswerk, wie Müller weiter ausführt: „Ich baue das Thema nicht bei mir zusammen, ich baue das in der Gruppe zusammen. Der Trumpf ist das Team, weil das Team die Summe der Eigenschaften ausmacht. Ich habe immer gute Leute gehabt – jeder hat geniale Fähigkeiten, man muss diese Fähigkeiten zulassen, sogar fördern." Müller verkörpert diesen Weg, gemeinsam zu Erfolgen zu gelangen, und empfindet sich als Teil eines schöpferischen Teamprozesses: „In dem Augenblick, in dem ich die Fähigkeiten meiner Mitarbeiter fördere und in dem ich verstehe, diese Fähigkeiten einzubinden in ein größeres Ganzes, in diesem Augenblick sind wir dann auf der Überholspur."

„Erfolg" kann sich auch auf ein vollendetes Lebenswerk beziehen, das behutsam und weitsichtig an einen Nachfolger übergeben wird. Rolf Neumann (vgl. den Abschnitt *Innere Einstellung und persönliche Denkrahmen*) übergibt sein Unternehmen dem Sohn, der bereits im Unternehmen arbeitet, und reicht das Vermächtnis damit bewusst weiter.

Exkurs – **LEBE ICH NACH MEINEN EIGENEN PRINZIPIEN? VERWIRKLICHE ICH MEINE VISION & MISSION?**

Dass erfolgreiche Führungskräfte ihre *Mission* kennen oder zumindest erahnen, hatte ich anhand einzelner Interviewaussagen untermauert. Was die persönliche *Vision* angeht, konnte ich feststellen, dass zahlreiche Führungskräfte bereits früh in ihrer Karriere verblüffend klare Bilder ihrer zukünftigen Entwicklung vor Augen hatten. Wenn ich an dieser Stelle nun ein eigenes Kapitel der Fragestellung widme, wie das *Ergebnis* von Handlungen und Projekten bewertet werden kann, so soll dies auch ein Plädoyer für eine konsequente Selbstprüfung sein. In deren Folge kann es auch geschehen, dass die eigene Mission hinterfragt und geändert wird.

Goleman, Boyatzis und McKee haben in ihrem lesenswerten Buch „Emotionale Führung“ neben der Darstellung ihrer Forschungsergebnisse auch immer wieder Kapitel mit Vertiefungsfragen und Übungen eingebaut. Unter der Überschrift *Meine Leitprinzipien*[3] stellen sie ihren Lesern eine kleine Aufgabe. Sie schlagen vor, über die wichtigen Bereiche des eigenen Lebens nachzudenken, etwa über

→ Familie,
→ Beziehungen,
→ Arbeit,
→ Spiritualität.

Sie fragen, welche Kernwerte für jeden dieser Bereiche gelten und fordern auf, pro Bereich fünf oder sechs Kernprinzipien aufzuschreiben – immer unter der Prämisse, dass es sich um echte, nicht um nur behauptete Werte handeln solle. Anschließend solle man ein oder zwei Seiten darüber schreiben, was man mit dem Rest seines Lebens tun wolle. Die Autoren bieten eine Hypothese dafür an, warum diese Übung so schwierig ist. Das liege daran, dass wir Menschen eher daran denken, was *zu tun* ist – heute, nächste Woche, nächsten Monat. Diese Betrachtung fokussiere nur das, was *dringend,* nicht aber das, was *wichtig* ist.[4]

Erst wenn sie den Horizont erweitern, öffnen sich Menschen für die Möglichkeiten in ihrem Leben. Die Autoren erleben in ihrer eigenen Arbeit immer wieder, dass Führungskräfte mithilfe der Übung und ihrer Ergebnisse die eigenen Muster erkennen können. So werde es möglich, die echten Träume und das Erstrebenswerte herauszukristallisieren.

FREIRÄUME AUSSCHÖPFEN

Dagmar Sikorski-Großmann, die als Unternehmerin, Verbandspräsidentin, Lobbyistin und Ehefrau eines Vorstands eher als *Multipreneurin* zu bezeichnen ist, hat beobachtet, dass gerade die großen Konzerne für einen Außenstehenden überraschend wenig Spielraum für das Handeln der Führungskraft böten – selbst in den obersten Etagen. Dies ist ein Aspekt, der aus meiner Sicht gleichermaßen für angestellte Führungskräfte, Familienunternehmer und Freelancer zu klären ist:

→ Welche Chancen, Spiel- und Freiräume habe ich?
→ Und: Inwieweit nutze ich diese auch tatsächlich aus?

Gestützt auf meine Beratererfahrung und insbesondere die Interviews erkenne ich bestimmte Muster, die für Unternehmer, angestellte Führungskräfte und Freelancer – wenn sie „führende Kräfte“ sind – zutreffen. Ich habe in meiner Beratungspraxis Führungskräfte kennengelernt, die geringe Freiheitsgrade hatten, diese aber maximal ausgeschöpft haben und für erfolgreiche Projekte nutzten, aber auch solche, die trotz objektiv vorhandener Möglichkeiten diese nicht nutzen konnten und mit erfolgversprechenden Vorhaben gescheitert sind. Zentrale Erkenntnisse sind aus meiner Sicht:

1. Führungskräfte mit einer klaren Vision und/oder Mission handeln trotz äußerer Einschränkungen und dehnen im besten Fall den „Möglichkeitsraum“ durch ihr eigenes Handeln aus.

2. Das gelingt ihnen, weil sie Risiken erkennen, aber nicht von diesen dominiert werden, weil sie die Schlüsselfelder für ihr Handeln ausgemacht haben, sich auf diese Felder fokussieren und so die richtigen Akzente setzen.

3. Wenn Führungskräfte einem hohen Grad an Fremdbestimmung unterliegen und es ihnen nicht gelingt, den Grad der Selbstbestimmung zu erhöhen, so gefährden sie ihre eigene Vision/Mission und werden zunehmend handlungsunfähig.

Bezogen auf die Frage, inwieweit Freiheitsgrade ausgeschöpft werden, lässt sich eine einfache Matrix mit der Achse hohe Fremdbestimmung / hohe Selbstbestimmung und der Achse geringes / hohes Ausschöpfen von Freiheitsgraden bilden.

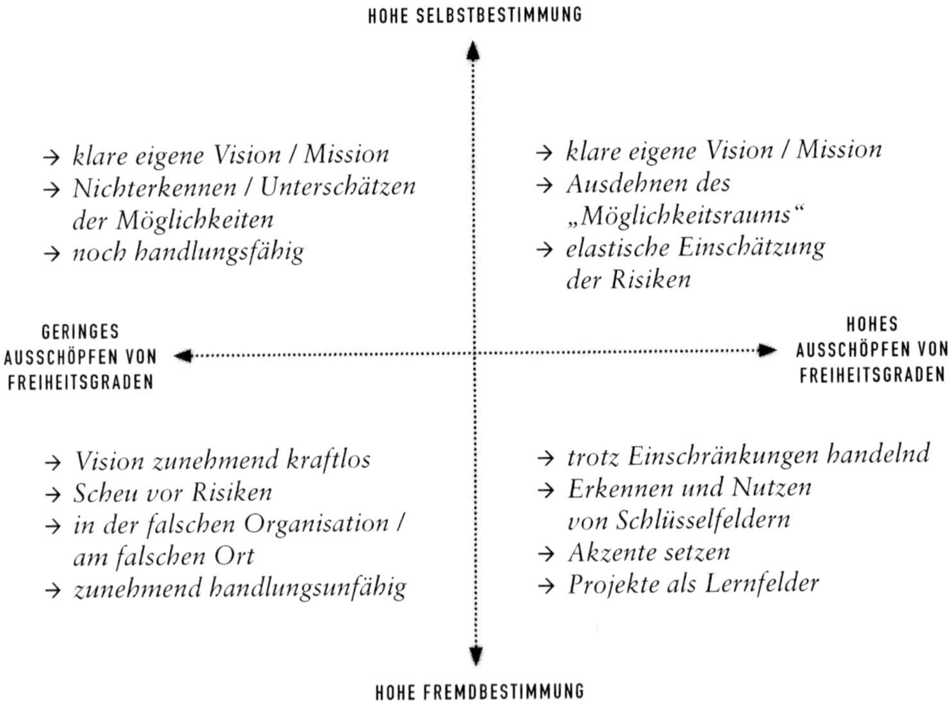

Um Freiräume zu erkennen, zu besetzen und auszuweiten, empfehlen sich die folgenden Fragen:

→ Die eigenen Denk-, Handlungs- und Arbeitsmuster erkennen und auf Tauglichkeit analysieren: Sind meine Muster der Situation angemessen? Wo fördern, wo behindern sie mich?

→ Welche Ziele hat die Organisation (implizit und explizit) und inwieweit passen diese Ziele zu meiner Vision / Mission? Besteht eine dauerhafte Diskrepanz? Kann ich die Situation und/oder mich selbst entwickeln, damit eine bestmögliche Deckung entsteht?

→ Habe ich ein einfaches Instrumentarium der Abweichungsanalyse hinsichtlich der Deckung von eigenen und fremden Zielen? Berücksichtigt dieses Instrumentarium auch die Dimensionen Geist, Seele, Körper bei mir?

→ Welche Freiräume bieten sich mir objektiv und inwieweit decken sich die Freiräume mit meiner Vision / Mission?

→ Wo sind die Felder, in denen ich für die Realisierung meiner Vision / Mission maximal lernen kann? Kann ich in diesen Feldern einen Nutzen bieten?

→ Wo sind die Felder, in denen ich meinen höchsten Nutzen bieten kann? Arbeite ich schon in diesen Schlüsselfeldern? Wenn nicht: Kann ich sie in dieser Umgebung erreichen?

[1] ManagerMagazin 1/2009, S. 136.

[2] John McGrath: „YOU inc.: How to attract amazing success into your life and business“, Sydney 2003; Übersetzung BB; im Original: „*I believe business has three major outcomes: it's a vehicle for you to learn about yourself and life, it allows you to make a contribution to your community and the world, and it provides you with the funds to have an interesting and fun life.*“

[3] vgl.ebenda, S. 155.

[4] Diese Erkenntnisse kommen im Original („Primal Leadership“, vgl. dort S. 121) deutlicher zum Ausdruck als in der deutschen Übersetzung.

MEHRWERT: MERKPUNKTE

→ *Ich entwickle meine Zielvorstellungen (oder Visionen) weiter und überprüfe, ob ich mich in die richtige Richtung bewege.*

→ *Ich habe meine eigenen Kriterien für Erfolg und prüfe meine Indikatoren.*

→ *Meine Freiräume für Gestaltung und Wachstum sind mir bewusst und ich nutze sie – ich dehne meinen* **Möglichkeitsraum** *aus.*

→ *Mein Erfolg ist mit dem Erfolg der anderen verbunden.*

MEHRWERT: ZUR VERTIEFUNG LESEN

Klaus Doppler: *„Der Change Manager“*

Hier kann ich das Kapitel 15 „Lebensplanung: sich einer Generalüberprüfung unterziehen“ empfehlen. Doppler bietet Reflexionsfragen zu SOLL-/IST-Abgleichen an, zum Beispiel hinsichtlich der eigenen Vision, Ideen und Ziele.

Lothar J. Seiwert: *„Wenn du es eilig hast, gehe langsam“*

Hier findet sich ebenfalls ein Kompendium von Fragen: „Bestandsaufnahme: Meine Lebenssituation, meine Lebensbetrachtung“ (ab S. 101).

Stephen Covey et al.: *„Der Weg zum Wesentlichen“*

Hier bietet das Kapitel "Workshop zur Lebensphilosophie"eine umfassende Anleitung zur Selbstreflexion.

6
1
5
7
2
4
3

ZUSAMMENFASSUNG UND AUSBLICK

ZUSAMMENFASSUNG UND AUSBLICK

ERKENNTNISSE ZUR SELBSTFÜHRUNG

Zu Beginn dieses Buches habe ich die folgende Definition vorgeschlagen: *Selbstführung umfasst Einstellungen und Methoden zur zielgerichteten Führung der eigenen Person. Selbstführung basiert wesentlich auf Selbstverantwortung, Selbsterkenntnis und Selbststeuerung.* Diese Definition benennt drei zentrale Indizien für Selbstführung: Ich nehme mein Leben selbst in die Hand; ich realisiere, dass ich mich selbst kennen muss; ich kann mich mit geeigneten Methoden selbst steuern. Für die Durchführung und Auswertung der Interviews hat sich diese Definition bewährt: Die eng verwobene Dreiheit aus Selbstverantwortung, -reflexion und -steuerung kehrt auf jedem der sieben Felder wieder.

Diese sieben „Linsen" wiederum, durch die ich versuchsweise geschaut habe, waren sehr hilfreich, um das jeweilige Verständnis, die Besonderheiten und die auch für andere hilfreichen Erkenntnisse besser zu fokussieren. Am Leitfaden der sieben Felder möchte ich abschließend die Kernerkenntnisse des Buches noch einmal knapp zusammenfassen.

FELD 1: VISION & MISSION

Viele meiner Gesprächspartner besitzen klare Zukunftsbilder, die sie entweder bereits frühzeitig in ihrer Karriere für sich gefunden haben oder die sich im Laufe ihrer beruflichen Karriere zeigten. In diesem Zusammenhang erwähnte ich bereits Peter Senge, der auf die Notwendigkeit hingewiesen hat, die eigenen Visionen immer wieder zu überprüfen und weiterzuentwickeln. Ähnlich einer persönlichen Vision, haben auch zahlreiche Interviewpartner von ihrer Mission berichtet – wenngleich das Wort selbst selten gefallen ist. Zu wissen, was man warum tut, warum man auf der Welt ist

– dieses vermeintliche oder tatsächliche Wissen ist ganz deutlich ein Faktor für persönlichen Erfolg.

Selbst wenn keine umfassende Vision für das eigene Leben existiert, haben diejenigen offenbar einen Vorteil, die die Gelegenheiten nutzen, die ihnen der Karriereweg bietet. Häufig erst im Nachhinein erkennen sie im Zusammentreffen von Person und Gelegenheit eine Art Fügung, mindestens aber eine Chance. Auch diese Führungskräfte haben Erfolg, weil sie persönliche Ambitionen und „gefundene" Gelegenheiten kombinieren und in ihr Leben sinnvoll integrieren. Und auch an diesem Punkt unterscheiden sich Unternehmer von Unternommenen.

FELD 2: KÖRPER, SEELE, GEIST

Die älteren Unternehmer und Manager haben eingeräumt, dass sie in der Rückschau doch einige Schwerpunkte anders gelegt hätten, vor allem zugunsten der eigenen Familie und der Freunde. Viele jüngere Führungskräfte laufen nach meinem Eindruck Gefahr, denselben Fehler zu machen, nur in anderen Verkleidungen. Im Abschnitt *Persönliche Veränderung* habe ich eine Art „Liste des Bedauerns" wiedergegeben.

Andererseits scheint sich bei Jung und Alt seit einigen Jahren aber auch das Bewusstsein zu verstärken, dass hier ein besseres Fließgleichgewicht zwischen beruflichen und außerberuflichen Lebensbereichen erforderlich ist. Körper, Seele und Geist sind in diesem Kontext Felder der Selbstführung, auf denen ein Ausgleich, ein Stressabbau und die Einübung förderlicher Denk- und Handlungsmuster erreicht werden sollen.

Wie wichtig die angemessene innere Einstellung, die *mindsets* oder der „Denkrahmen" sind, habe ich anhand der Literatur zum Thema aufgezeigt und mit Äußerungen von Interviewpartnern illustriert. Ein wichtiger Ansatz für eine verbesserte Selbstführung ist die Entwicklung und Pflege der Achtsamkeit gegenüber sich selbst.

FELD 3: FÄHIGKEITEN & SELBSTENTWICKLUNG

Die eigenen Talente zu erkennen, zu pflegen und mit den Entwicklungszielen in Deckung zu bringen – das sind wichtige

Voraussetzungen, um langfristig erfolgreich zu sein. Neben den individuellen Fähigkeiten und Stärken sind „Schlüsselfähigkeiten" erforderlich, wie etwa der geeignete Umgang mit Emotionen und mit Risiken, der Abgleich zwischen Selbst- und Fremdbild, eine ausreichende Selbstwertschätzung und Selbststeuerung.

Von einigen Gesprächspartnern hörte ich, dass sie sich turnusgemäß einer Selbstüberprüfung unterziehen und sich nicht nur Rechenschaft ablegen, wo sie stehen, sondern auch prüfen, wie sie ihre Fähigkeiten weiterentwickeln können. Dass Lernen zu einem gelingenden Leben dazugehört, ist hier ein förderlicher Denkrahmen.

FELD 4: PARTNER, MITARBEITER & NETZWERK

Zentrale Fragen berühren Vernetzung, Kooperation und Rollenfindung im beruflichen und privaten Kontext. Um meine Fähigkeiten und Talente zur Anwendung zu bringen, benötige ich andere Menschen, die ergänzende Fähigkeiten und Qualitäten besitzen. Strategisches Netzwerken, konsequentes Aufräumen in beruflichen und privaten Konstellationen, das Fördern und Fordern anderer – das sind die Erfolgsfaktoren in diesem Feld der Selbstführung.

Basis der Kooperation mit anderen ist Selbstvertrauen und Eigenverantwortung, gleichzeitig auch die Fähigkeit, die eigene Begeisterung auf die Partner übertragen zu können. Die Gespräche haben gezeigt, dass Erfolg dann entsteht, wenn die Führungskraft klar die Erwartungen und Anforderungen kommuniziert und wenn gleichzeitig dem Umfeld Vertrauen und Unterstützung entgegengebracht wird, sodass die Leute ihre Arbeit selbst erledigen können.

FELD 5: PROZESSE & STRUKTUREN

Hinsichtlich der Methoden und Instrumente der Selbstorganisation zeigt sich aus den Erfahrungen der Interviewpartner, dass das faszinierendste Instrument nichts nützt, wenn man es nicht beherrscht. Es spielt dabei keine Rolle, ob es sich um ein klassisches „Zeitplanbuch" handelt, um Kleincomputer (PDAs), iPhones oder BlackBerrys. In meinen Gesprächen habe ich die (kaum überraschende) Erkenntnis gewonnen, dass erfolgreiche Führungskräfte sich zur Selbstorganisation diejenigen Instrumente und Methoden gewählt haben, die zu ihnen passen und die sie beherrschen.

Meine Beratungspraxis und die einschlägige Literatur, etwa zur Arbeits- und Organisationspsychologie, zeigen, dass noch bei vielen Führungskräften Verbesserungsbedarf besteht. Wo liegen meine tatsächlichen Hauptaufgaben? Worauf also muss ich mich unbedingt fokussieren und entsprechend Prioritäten setzen? Es gibt mittlerweile zahlreiche für die Praxis taugliche Bücher, die für eine bessere persönliche Zielsetzung, für eine konsequentere Nutzung von Instrumenten und für die Findung und das Einüben geeigneter persönlicher Rituale genutzt werden können. Die erfolgreichen Führungskräfte, das zeigen meine Interviews, haben Rituale der Selbstorganisation, nutzen einfache Instrumente der Zielsetzung, schaffen sich gedeihliche Arbeitsbedingungen und bleiben immer neugierig, was sie wie weiter optimieren könnten.

FELD 6: PROJEKTE & PRODUKTE

Von der Vision direkt und kraftvoll zum Produkt – das habe ich bei meinen Interviews nur in Ausnahmefällen gehört. Die Regel war vielmehr, dass die Gesprächspartner von Umwegen, Zufällen, Reinfällen, Fügungen und Neuanfängen sprachen, wenn sie mir beschrieben, wie sie ihre persönlichen Produkte oder Projekte gefunden und realisiert haben.

Und doch lassen sich Erfolgsfaktoren nennen, die mit diesem Feld der Selbstführung zu tun haben. Um die eigenen Ideen und Ziele in Form von Produkten und Projekten ins Leben zu bringen, bedarf es einer Hingabe, einer umfassenden Identifikation mit dem eigenen Vorhaben. Es braucht weiterhin eine Verantwortung für das Projekt oder Produkt und die Fokussierung auf den Nutzen, der damit für andere gestiftet wird, seien dies die Mitarbeiter bei diesem Vorhaben oder die Endnutzer. Und schließlich sind eine konsequente Selbstvermarktung und eine angemessene Kommunikation erforderlich.

FELD 7: MEHRWERT

Erfolgreich, so meine eigene Arbeitsdefinition am Beginn des Buches, ist derjenige, der seine eigenen Fähigkeiten erkennt, entwickelt, zur Anwendung bringt und damit eine beabsichtigte Wirkung erzielt. Selbstführung schließt daher die kritische Frage nach der Wirksamkeit und den Resultaten meines Tuns als Führungskraft ein: Habe ich mit meinen Dienstleistungen, Projekten oder Produkten einen Nutzen gestiftet? Woran messe ich überhaupt meinen Erfolg?

Meine Interviews haben gezeigt, dass hier zwar unterschiedliche Indikatoren oder Kriterien für Erfolg angelegt werden, dass sich aber neben dem individuellen Nutzen auch der Gewinn für andere als zwingend notwendige Begleiterscheinung oder sogar als Ziel eines Vorhabens ergeben muss. Einige Gesprächspartner beschreiben, dass sie den Erfolg sogar körperlich spüren können; für andere ist es ein finanzieller Gewinn, der häufig aber wieder re-investiert werden soll, auch zur Schaffung eigener Freiräume.

Im Modell der sieben Felder der Selbstführung ist das Ergebnis eines Projekts immer wieder der Ausgangspunkt, um zur persönlichen Vision, Zielstellung oder Mission zurückzukehren und diese – und sich selbst – zu überprüfen.

AUSBLICK

Angesichts der Wirtschaftskrise, in die zumindest die letzten Interviews zeitlich hineinfielen, erscheint die Thematik der Selbstführung von Unternehmern, Vorständen und Geschäftsführern noch aktueller als zum Beginn des Projekts. Auch einige der Gesprächspartner wurden zwischenzeitlich von der wirtschaftlichen Entwicklung hart getroffen und müssen sich in der Krise bewähren.
In Zusammenarbeit mit Beratern aus meinem Netzwerk habe ich aus den Erkenntnissen dieses Interviewprojekts mittlerweile ein Trainingskonzept für Führungskräfte *(leadership development)* entwickelt, das sich wesentlich den sieben Feldern der Selbstführung widmet (weitere Informationen unter www.bensmann.org).

Es reizt mich, das Thema in Theorie und Praxis zu vertiefen. Ich habe bereits damit begonnen, eine weitere Untersuchung anzuschließen. Der Aspekt „Veränderung“ soll im Vordergrund einer neuen Interviewserie stehen. Mich interessiert sowohl die individuelle Veränderung – etwa bei Karrierebrüchen, bei Überlastung oder auch bei völliger Neuorientierung – als auch die Veränderung von Organisationen bei Fusionen, Downsizing oder Krisen, die das individuelle Schicksal des Vorstands, Geschäftsführers oder Unternehmers mit einbeziehen.

NACHWORT UND DANK

In der Rückschau auf das Projekt Selbstführung komme ich zu der Einschätzung, dass sich allein schon die vielen Begegnungen mit erfolgreichen Führungskräften und führenden Kräften für mich gelohnt haben. Der Einblick in unternehmerische Geschichten und persönliche Entwicklungen verpflichtet mich zu großem Dank gegenüber allen Interviewpartnern. In den meisten Fällen sind, trotz des häufig knappen Zeitrahmens, schnell Vertraulichkeit und Offenheit entstanden, die die Voraussetzung dafür waren, dass ich mein Projekt überhaupt erfolgreich realisieren konnte.

In der Kombination aus Interviewauszügen, Kommentaren und Interpretationen sowie ergänzenden Quellen ist es, wie ich hoffe, gelungen, den Begriff der Selbstführung besser zu umreißen. Zudem kann jeder meiner Gesprächspartner in diesem Buch zumindest auszugsweise erfahren, was die anderen Interviewten zum Thema geäußert haben. Damit soll sich mein Versprechen erfüllen, dass die persönliche Reflexion in der Interviewsituation mit diesem Buch weitergeführt werden kann. So hat jeder einzelne Interviewte Gelegenheit zum vertiefenden Nachdenken, zur Überprüfung der eigenen Ansätze, Methoden und Rituale – und letztlich zur eigenen Weiterentwicklung.

Und es sollte auch anderen Führungskräften mit dem hier vorliegenden Material gelingen, das eigene Verständnis von Selbstführung und die persönliche Praxis kritisch zu hinterfragen und Ansätze zur Arbeit an sich selbst zu finden.

Diese Arbeit wäre nicht möglich gewesen ohne die tatkräftige Unterstützung meiner Mitarbeiterin Lisa Wrehe, die sich nicht nur durch das sich häufig wandelnde Manuskript durchgekämpft und dieses kritisch hinterfragt hat, sondern auch immer wieder Passagen aus den Interviews abgehört und exzerpiert hat, damit der Text authentisch und lesbar bleibt. Meinem Lektor Thomas Hake gebührt der Dank, mich vor textlichen Irrwegen bewahrt zu haben. Der Agentur tack. graphik und hier insbesondere Michael Grüß ist es gelungen, dem ganzen Werk einen angemessenen Rahmen zu geben.

QUELLEN

Allen, David: *„Wie ich die Dinge geregelt kriege. Selbstmanagement für den Alltag"*, München 2004 (2. Aufl.).

Blanchard, Ken / Fowler, Susan / Hawkins, Laurence: *„Self leadership and the one minute manager. Increasing effectiveness through situational self leadership"*, London 2005.

Churchill, Stephanie: *„Mindscaping. Design your future"*, London 2000.

Cope, Mick: *„The Seven Cs of Coaching. The definitive guide to collaborative coaching"*, Harlow 2004.

Cope, Mick: *„The Seven Cs of Consulting. The definitive guide to the consulting process"*, Harlow 2003 (2. Aufl.).

Covey, Stephen / Merrill, Roger / Merrill, Rebecca: *„Der Weg zum Wesentlichen. Zeitmanagement der vierten Generation"*, Frankfurt / New York 2003 (5. Aufl.).

Covey, Stephen R.: *„The 7 Habits of Highly Effective People. Restoring the Character Ethic"*, New York 2004; deutsch: *„Die sieben Wege zur Effektivität"*, Offenbach 2006.

Darso, Lotte: *„Artful Creation. Learning Tales Of Arts-In-Business"*, Fredriksberg (Dänemark) 2004.

Deutschman, Alan: *„Change or Die. The Three Keys to Change at Work and in Life"*, New York 2007.

Doppler, Klaus: *„Der Change Manager. Sich selbst und andere verändern – und trotzdem bleiben, wer man ist"*, Frankfurt 2005.

Dörner, Dietrich: *„Die Logik des Misslingens. Strategisches Denken in komplexen Situationen"*, Reinbek 1989.

Drucker, Peter F.: *„The Effective Executive. The definitive guide to getting the right things done"*, New York 2002.

Ferrazzi, Keith / Raz, Tahl: *„Never Eat Alone. And other secrets to success, one relationship at a time"*, New York 2005; deutsch: *„Geh nie alleine essen!"*, Kulmbach 2007.

Ferriss, Timothy: *„The 4-Hour Workweek. Escape 9-5, live anywhere, and join the new rich"*, New York 2007; deutsch: *„Die 4-Stunden-Woche: Mehr Zeit, mehr Geld, mehr Leben"*, Berlin 2008.

Fink, Alexander / Siebe, Andreas: *„Handbuch Zukunftsmanagement. Werkzeuge der strategischen Planung und Früherkennung"*, Frankfurt 2006.

Fraenkler, Hans: *„Unternehmenssanierung. Kraftvoll aus der Krise in die Gewinnzone"*, Landsberg am Lech 2006.

Friebe, Holm / Lobo, Sascha: *„Wir nennen es Arbeit. Die digitale Bohème oder: Intelligentes Leben jenseits der Festanstellung"*, München 2006 (4. Aufl.).

Fries, Gerhard / Gruber, Roland / Leistikow, Jürgen: *„Der erleuchtete Bio-Computer"*. NLP- Betriebshandbuch Basis, Paderborn 1993.

Gad, Thomas / Rosencreutz, Anette: *„Managing brand me. How to build your personal brand"*, London 2002.

George, Bill / Sims, Peter: *„True North. Discover your authentic Leadership"*, San Francisco 2007.

Seth Godin (Herausgeber): *„The Big Moo. Stop Trying To Be Perfect And Start Being Remarkable"*, New York 2005.

Goldsmith, Marshall / Reiter, Mark: *„What Got You Here Won't Get You There. How Successful People Become Even More Successful"*, New York 2007.

Goleman, Daniel / Boyatzis, Richard / McKee, Annie: *„Primal Leadership. Learning to lead with emotional intelligence"*, Boston: Harvard Business School Press 2002; deutsch: *„Emotionale Führung"*, München 2002.

Gomez, Peter / Probst, Gilbert J. B.: *„Vernetztes Denken. Ganzheitliches Führen in der Praxis"*, Wiesbaden 1991 (2., erw. Aufl.).

Haug, Christoph V.: *„Erfolgreich im Team. Praxisnahe Anregungen für effizientes Teamcoaching und Projektarbeit"*, München 2008 (4. Aufl.).

Hofstede, Geert / Hofstede, Gert Jan: *„Cultures and Organizations. Software of the Mind"*, New York 2005.

Hübner, Thomas: *„Die Kunst der Auszeit. Vom Powernapping bis zum Sabbatical"*, Zürich 2006.

Jensen, Bill: *„Work 2.0. Building The Future, One Employee At A Time"*, Cambridge 2002.

Kotter, John P.: *„Leading Change"*, Boston 1996.

Kullmann, Vanessa: *„Keine große Sache. Coffee to go oder wie man den Traum vom eigenen Unternehmen verwirklicht"*, München 2008.

Lang, Rudolf W.: *„Schlüsselqualifikationen. Handlungs- und Methodenkompetenzen, Personale und soziale Kompetenzen"*, München 2000.

Lay, Rupert: *„Vom Sinn des Lebens"*, München 1985.

Lipton, Bruce: *„The Biology of Belief. Unleashing the Power of Consciousness, Matter and Miracles"*, Santa Rosa 2005; deutsch: *„Intelligente Zellen. Wie Erfahrungen unsere Gene steuern"*, Burgrain 2006.

Lutz, Christian: *„Leben und arbeiten in der Zukunft"*, München 1997.

Malik, Fredmund: *„Führen Leisten Leben. Wirksames Management für eine neue Zeit"*, Frankfurt / New York 2006.

Martens, Jens Uwe / Kuhl, Julius: *„Die Kunst der Selbstmotivierung. Neue Erkenntnisse der Motivationsforschung praktisch nutzen"*, Stuttgart 2005 (2. Aufl.).

McGrath, John: *„You inc. How to attract amazing success into your life and business"*, Sydney 2003.

Mintzberg, Henry: *„Managers not MBAs. A Hard Look at the Soft Practice of Managing and Management Development"*, San Francisco 2004.

Misner, Ivan R. und Don Morgan: *„Masters Of Networking. Building Relationships For Your Pocketbook And Soul"*, Austin 2006 (4. Aufl.).

Nahrendorf, Rainer: *„Der Unternehmer-Code. Was Gründer und Familienunternehmer erfolgreich macht"*, Wiesbaden 2008.

Naisbitt, John: *„Mind SET! Reset your thinking and see the future"*, New York 2006; deutsch: *„Mind Set! Wie wir die Zukunft entschlüsseln"*, München 2009.

Nelson Bolles, Richard: „*Durchstarten zum Traumjob. Das Handbuch für Ein-, Um- und Aufsteiger*", Frankfurt/Main 2002 (7. Aufl.).

Peters, Tom: „*Projektmanagement. Machen Sie aus jeder Aufgabe ein Erlebnis*", München 2001 (derzeit vergriffen).

Peters, Tom: „*Re-Imagine. Spitzenleistungen in chaotischen Zeiten*", Offenbach 2007.

Pink, Daniel H.: „*Free Agent Nation. How America`s New Independent Workers Are Transforming the Way We Live*", New York 2001.

Pink, Daniel: „*A Whole New Mind. Why Right-Brainers Will Rule The Future*", New York 2005; deutsch: „*Unsere kreative Zukunft. Warum und wie wir unser Rechtshirn-Potenzial entwickeln müssen*", München 2008.

Rath, Tom: „*Strengths Finder 2.0*", New York 2007.

Roam, Dan: „*The Back Of The Napkin. Solving Problems And Selling Ideas With Pictures*", New York 2008.

Rüegg-Stürm, Johannes: „*Das neue St. Galler Management-Modell. Grundkategorien einer integrierten Managementlehre. Der HSG-Ansatz*", Stuttgart 2003 (2. Aufl.).

Sanders, Tim: „*Love is the killer app. How to win business and influence friends*", New York 2002; deutsch: „*Der Sympathiefaktor. Menschen erfolgreich für sich gewinnen*", Frankfurt 2007.

Scharmer, Otto C.: „*Theory U. Leading from the Future as It Emerges*", Cambridge 2007.

Schreyögg, Astrid: „*Coaching. Eine Einführung für Praxis und Ausbildung*“, Frankfurt/Main 1996 (2. Aufl.).

Seiwert, Lothar J.: „*Mehr Zeit für das Wesentliche*“, München 2002 (20. Aufl.).

Seiwert, Lothar J.: „*Wenn du es eilig hast, gehe langsam. Das neue Zeitmanagement in einer beschleunigten Welt*“, Frankfurt / Main 2000.

Senge, Peter M. / Scharmer, Otto C. / Jaworski, Joseph / Flowers, Betty Sue: „*Presence. An Exploration of Profound Change in People, Organizations, and Society*“, London 2005.

Senge, Peter M.: „*Die Fünfte Disziplin. Kunst und Praxis der lernenden Organisation*“, Stuttgart 1996 (3. Aufl.).

Senge, Peter M. et al.: „*The Dance of Change*“, New York 1999.

Simon, Walter: „*Gabals großer Methodenkoffer. Grundlagen der Arbeitsorganisation*“, Offenbach 2007.

Sprenger, Reinhard K.: „*Das Prinzip Selbstverantwortung*“, Frankfurt / New York 2000 (limit. Jubiläumsausg.).

Tracy, Brian: „*Eat that frog. 21 Wege, um sein Zaudern zu überwinden und in weniger Zeit mehr zu erledigen*“, Offenbach 2002 (4. Aufl.).

Ulrich, Hans / Probst, Gilbert J. B.: „*Anleitung zum ganzheitlichen Denken und Handeln*“, Bern und Stuttgart 1995 (4., unveränd. Aufl.).

Vester, Frederic: „*Die Kunst vernetzt zu denken. Ideen und Werkzeuge für einen neuen Umgang mit Komplexität*“, Stuttgart 2000 (3. Aufl.).

Wagner, Hardy: „*Persönliche Arbeitstechniken. Grundlagen und Methoden erfolgreichen Selbstmanagements*“, Speyer 1989 (3. Aufl.).

Weinert, Arnsfried B.: „*Organisations- und Personalpsychologie*“, Weinheim 2004 (5. Aufl.).

Whitworth, Laura / Kimsey-House, Henry / Sandahl, Phil: „*Co-Active Coaching. New skills for coaching people toward success in work and life*“, Palo Alto 1998.

Wilber, Ken / Patten, Terry / Leonard, Adam / Morelli, Marco: „*Integral Life Practice. A 21st-Century Blueprint for Physical Health, Emotional Balance, Mental Clarity, and Spiritual Awakening*“, Boston 2008.

Winget, Larry: „*It`s called work for a reason. Your success is your own damn fault*“, Sydney 2007.

Wunderer, Rolf: „*Führung und Zusammenarbeit*“, Neuwied, Kriftel 2001 (4., vollst. überarb. Aufl.).

Yamashita, Keith / Spataro, Sandra: „*UNSTUCK. A tool for yourself, your team and your world*“, New York 2004.

Zollondz, Hans-Dieter: „*Lexikon Qualitätsmanagement*“, München / Wien 2001.

WEITERE QUELLEN

(wurden bereits in den Fußnoten erwähnt)

FAST COMPANY Magazine, Boston, Ausgabe 10, August 1997

FAST COMPANY Magazine, Boston, Mai 1999, S. 178ff

FAST COMPANY Magazine, Boston, April 1999

Harvard Business manager, Hamburg, Oktober 2003, S. 66

Harvard Business manager, Hamburg, April 2004, S. 62ff

Journal of Managerial Psychology 2006, Volume 21

Manager Magazin, Hamburg, 6/2008

Manager Magazin, Hamburg, 4/2008, S. 160

Manager Magazin, Hamburg, 1/2009, S. 136

INTERNETQUELLEN

www.mindset.ch, Stand: 26.03.2009

www.bensmann.org, Stand: 10.02.2009

www.selbstdenken.de, Stand: 26.03.2009

www.hirt-institut.ch/, Stand: 26.03.2009

http://imgriff.com Stand: 27.03.2009

http://bb21.de/archives/31, Stand: 26.03.2009

http://www.allbroker.de/etolle.htm, Stand: 03.10.2008

http://www.welt.de/welt_print/article2782951/Eine-Frage-der-Mentalitaet.html, Stand: 17.01.2009

www.strategy-business, Stand: 27.12.06

http://zenhabits.net/, Stand: 06.11.2008

www.helfrecht.de, Stand: 26.03.2009

www.gtd-forum.de, Stand: 06.11.2008

http://zenhabits.net/, Stand: 06.11.2008

www.ottoscharmer.com/docs/articles/2002_ScharmerInterview_dt.pdf, Stand: 28.02.2009

http://www.hellmann.net/de/globalnews/archive/neuearbeitswelten-beihellmannworldwidelogistics, Stand: 13.10.2008

http://www.brandflight.com/de/personal-branding/program/, Stand: 13.10.2008

ANHANG

LEITFRAGEN ZUR PERSÖNLICHEN STÄRKEN-SCHWÄCHEN-ERFASSUNG

DAS FÜHRUNGSKLEEBLATT

LISTE DER GESPRÄCHSPARTNER

LEITFRAGEN ZUR PERSÖNLICHEN STÄRKEN-SCHWÄCHEN-ERFASSUNG

Analog der SWOT[1]-Analyse für Unternehmen kann dieser Ansatz auch für Individuen Verwendung finden. Zunächst sollen die Stärken und Schwächen einer Führungskraft erfasst werden. Hierzu ist es hilfreich, zunächst kritische Erfolgsfaktoren für die jeweiligen Bereiche zu finden und dann den Grad der Erreichung für die Skalierung von Stärken oder Schwächen anzuwenden. Nachfolgend ein Vorschlag von mir, der sich auf das Modell der Sieben Dimensionen der Selbstführung bezieht.

FELD 1: VISION & MISSION

→ Ich habe eine klare eigene Sinnsetzung.
→ Meine persönliche Vision / meine (Lebens-)Ziele sind mir bewusst.
→ Für (unternehmerische) Gelegenheiten bin ich offen.

FELD 2: KÖRPER, SEELE, GEIST

→ Ich kenne die Bedingungen, unter denen ich gedeihe.
→ Meine Werte sind mir bewusst.
→ Ich habe konstruktive Glaubenssätze und nutze sie.
→ Ich fördere meine seelische Gesundheit.
→ Ich fördere meine körperliche Gesundheit.
→ Ich finde Ruhe und Entspannung.
→ Ich setze einen Ausgleich zur beruflichen Arbeit.

FELD 3: FÄHIGKEITEN & SELBSTENTWICKLUNG

→ Ich kenne meine Fähigkeiten und Talente.
→ Ich kann mich selbst motivieren.
→ Ich bin fähig zur Selbstbeobachtung und Selbstbewertung.
→ Ich überprüfe Selbst- und Fremdwahrnehmung.
→ Ich entwickle meine Fähigkeiten und Talente.
→ Mir ist bewusst, wie ich lerne.
→ Ich habe eine Lernstrategie und wende sie an.
→ Ich weiß, was ich entfalten will.

FELD 4: PARTNER, MITARBEITER & NETZWERK

→ Ich weiß, welche Beziehungen ich brauche, um meine Vision / meine Ziele zu realisieren.
→ Ich bin zu konstruktiven Partnerschaften in der Lage.
→ Ich kommuniziere meine Bedürfnisse.
→ Ich kenne die Grundvoraussetzungen und Fähigkeiten für die Arbeit in Netzwerken.
→ Ich wende die Grundvoraussetzungen und Fähigkeiten für die Arbeit in Netzwerken in der Praxis an.
→ Zu meiner eigenen Unterstützung habe ich eine „Unterstützungsgruppe".

FELD 5: PROZESSE & STRUKTUREN

→ Ich kenne die wesentlichen Methoden der Selbstorganisation.
→ Meine Selbstorganisation folgt klaren Regeln.
→ Für meine Selbstorganisation nutze ich effektive Instrumente.
→ Ich kenne meine Hauptaufgaben und strukturiere meine Arbeit entsprechend.
→ Ich habe Rituale bzw. wiederkehrende Routinen der Selbstorganisation.
→ Ich bin konsequent und diszipliniert in meiner Selbstorganisation.

FELD 6: PROJEKTE & PRODUKTE

→ Ich habe ein Lebens- oder (mehrere) Langzeitprojekte.
→ Ich kenne meine Hauptaufgaben.
→ Ich kommuniziere meine Projekte / Produkte klar und verständlich.
→ Meine Projekte / Produkte stiften einen konkreten Nutzen.
→ Meine Hauptaufgaben entsprechen meinen Fähigkeiten und meiner Motivation.
→ Ich bringe meine Mission / meine Ziele in konkrete Produkte / Projekte ein.

FELD 7: MEHRWERT

- → Ich überprüfe die Ergebnisse meiner Arbeit regelmäßig.
- → Ich erreiche meine (Teil-)Ziele.
- → Meine Arbeit schafft einen Mehrwert für mich.
- → Meine Arbeit schafft einen Mehrwert für andere.

[1] SWOT: Strengths, Weaknesses, Opportunities, Threats; etwa: Stärken, Schwächen, Chancen, Risiken, BB.

DAS FÜHRUNGSKLEEBLATT

Ein Gesamtbild der geforderten Kompetenten

1. FACHKOMPETENZ

Es ist weitgehend unbestritten, dass Fachkompetenz eine Grundlage für erfolgreiches Arbeiten liefern kann. Fachwissen allein reicht aber zur Bewältigung komplexer Problemsituationen insbesondere dann nicht aus, wenn es sich um soziale, interaktive Führungsaufgaben handelt.

2. SOZIALE UND KOMMUNIKATIVE KOMPETENZ

Seit dem Anfang der 1990er Jahre hat sich der Begriff *soft skills* als Bündelung vieler der Eigenschaften, die ich hier zum Feld der sozialen und kommunikativen Kompetenzen zähle, durchgesetzt. Aus meiner Sicht sind hier Eigenschaften wie Integrität, Zuverlässigkeit, Glaubwürdigkeit und Vorbildcharakter zu nennen, ebenso wie die Bereitschaft und die Fähigkeit zum Zuhören und zum empfängergerechten Sprechen in der Art eines partnerschaftlichen Dialogs.

Die persönliche Kommunikationsfähigkeit ist ein zentraler Schlüssel für erfolgreiches Denken und Handeln als Führungskraft. Personen in Führungspositionen benötigen die Fähigkeit, die individuelle Wahrnehmung bei sich selbst und bei den anderen innerhalb des Systems – also bei ihren Mitarbeiterinnen und Mitarbeitern ebenso wie bei Kollegen und ihren eigenen Vorgesetzten – zu erkennen und sich darauf einzustellen. Sozial kompetente Führungskräfte handeln daher integer, vertrauenswürdig und berechenbar. Sie vermitteln Nähe, Akzeptanz, Glaubwürdigkeit und Sicherheit. Diese Eigenschaften basieren auf einem intakten Selbstvertrauen.

3. THEORIE- UND METHODENKOMPETENZ

Führungskräfte müssen einen aktuellen Kenntnisstand der für ihre Aufgabenfelder relevanten Theorien erwerben und erneuern. Das Wissen sollte wesentliche Grundlagen und Modelle der Kommunikation und Interaktion, praktische Kenntnisse über die Anwendung der Methoden, Strukturen und Prozesse des Informationsaustausches umfassen.

Eine Führungskraft sollte zum Beispiel konkret wissen, wie eine Sitzung effektiv zu gestalten und wie ein Projekt sinnvoll zu steuern ist. Elementar für Führungskräfte ist sicherlich – neben Führungswissen – die Beherrschung von Moderations-, Präsentations- und Kreativitätstechniken, um die eigene Organisationseinheit adäquat zu entwickeln und mit Zielen zu führen.

4. SELBSTFÜHRUNG

Es kann als bekannt vorausgesetzt werden, dass der persönliche mentale und körperliche Fitnessgrad die Qualität der Arbeit wesentlich beeinflusst. Der Verlust einer Balance zwischen persönlichen und Unternehmenszielen, das Gefühl der Überforderung, aber auch der – vermeintliche oder tatsächliche – Zwang der permanenten Selbstdarstellung bedrohen Leistungsfähigkeit und Zufriedenheit der Führungskraft.

Bereits Anfang der 1990er Jahre war ein gesteigerter Bedarf bezüglich der Führung der eigenen Person deutlich geworden, sodass der Markt mit Publikationen und entsprechenden Seminaren reagierte. Das Thema Selbstführung war aber noch immer stark auf einzelne Aspekte, etwa das Zeitmanagement, reduziert. Ein umfassendes, ganzheitliches Verständnis dieses Feldes ist überfällig.

KERNKOMPETENZ: VERNETZTES DENKEN UND HANDELN

Die Fähigkeit, komplexen Problemen durch vernetztes Denken und Handeln zu begegnen – wie es Frederic Vester begründet und Ulrich, Probst und Gomez weiterentwickelt haben –, ist offenbar nur wenigen Führungskräften eigen. In dem hier skizzierten Modell des Führungskleeblattes bildet diese Fähigkeit zum systemischen Management, die mit allen vier „Blättern" verknüpft ist, die Kernkompetenz. In Anlehnung an Probst und Gomez[1] kann das vernetzte Denken und Handeln stichpunktartig wie folgt beschrieben werden:

„Systemische" Manager ...

→ denken zielorientiert und erkennen Verhaltens- und Ordnungsmuster
→ erfassen ihre Umwelt aus verschiedenen Perspektiven
→ denken vernetzt und in Kreisläufen, um Zusammenhänge und Wirkungen erkennen zu können
→ berücksichtigen die Komplexität einer Situation in ihren Instrumenten und Handlungen
→ denken und handeln synthetisch und analytisch, weil Analyse eher Wissen über die Teile und Synthese eher Verständnis für die Funktion erlaubt
→ modellieren und interpretieren Szenarien statt Zukunftsprognosen zu erstellen
→ nutzen die Eigendynamik und die Eigenschaften des Systems; passen ihre Eingriffe den Lenkungsmöglichkeiten an; fördern, das Lernen zu lernen[2]

Das Führungskleeblatt macht deutlich, dass ein umfassendes Bündel von Kompetenzen gefordert ist. Angesichts des nachweisbar gestiegenen Drucks auf Führungskräfte in Profit- und Non-Profit-Organisationen empfinden viele Betroffene ein Gefühl zunehmender

Überforderung, das noch durch die eigenen Ansprüche an Perfektion erhöht wird. In meiner Arbeit konnte ich dies in Coachingprozessen, in Beratungsprojekten und jetzt in den Interviews bestätigt finden. Das Thema Selbstführung hat vor diesem Hintergrund eine zunehmende Bedeutung.

[1] Probst: Was also macht eine systemorientierte Führungskraft als Vertreter des „vernetzten Denkens?", in: Probst, Gilbert J. B. und Peter Gomez (Hrsg.): „Vernetztes Denken. Ganzheitliches Führen in der Praxis", Wiesbaden 1991 (2., erw. Aufl.), S. 333.

[2] ebenda.

LISTE DER GESPRÄCHSPARTNER

1. **Baumüller, Andreas**
   Geschäftsführer der Baumüller Holding, Nürnberg
2. **Blome, Martin**
   Geschäftsführer Thamsen GmbH, Stuhr bei Bremen
3. **Budde, Rolf, Prof. Dr.**
   Geschäftsführer Rolf Budde Musikverlag GmbH
4. **Burkardt, Ingo**
   Geschäftsführer des Beratungsunternehmens baon online consulting in Freiburg
5. **Darso, Lotte, Dr.**
   Associate Professor in Innovation, Danish School of Education, University of Aarhus
6. **Degenhardt, Roy**
   London, zuvor Senior VicePresident for Overseas Units, Riyad Bank, Saudi Arabia
7. **Eckhardt, Ulrich, Prof. Dr.**
   ehemaliger Intendant der Berliner Festspiele, derzeit Honorarprofessor für Kulturpolitik im Institut für Kultur- und Medienmanagement an der Freien Universität Berlin
8. **Fip, Hendrik**
   Geschäftsführer der Heinrich Fip GmbH & Co KG, Osnabrück
9. **Fischer, Gabriele**
   Chefredakteurin des Wirtschaftsmagazins brand eins, Hamburg
10. **Gasche, Ralf**
    Inhaber Ralf Gasche Coaching, Hennef
11. **Graf-Reinken, Barbara**
    Multiunternehmerin (Gastronomin, Kauffrau für Schmuck, Deco- und Wohnaccessoires), Hennef
12. **Grundmann, Hans-Jörg, Dr.**
    CEO Mobility (Sektor Industry), Siemens AG
13. **Hake, Thomas, Dr.**
    Hake Kommunikation, Berlin
14. **Hake, Joachim**
    Direktor der Katholischen Akademie, Berlin

15. **Hardinghaus, Winfried, Prof. Dr.**
Chefarzt für Innere Medizin und Ärztlicher Direktor der Niels-Stensen-Kliniken Krhs. St. Raphael Ostercappeln und Franziskus-Hospital Harderberg, Leiter der Niedersächsischen Koordinierungs- und Beratungsstelle für Hospizarbeit und Palliativversorgung
16. **Hawighorst, Albert**
President of the Board, Duni Poland SP
17. **Hedstrom, Mona**
Teamlead in der globalen internen Organisation bei Accenture, Frankfurt
18. **Hellmann, Klaus**
Geschäftsführender Gesellschafter, Hellmann Worldwide Logistics GmbH & Co.KG, Osnabrück
19. **Höhn, Susanne**
Leiterin der Goethe-Institute in Rom
20. **Holtgreife, Hubert**
Gründer und Geschäftsführender Geschäftsführer der SOLARLUX Aluminium Systeme GmbH, Bissendorf
21. **Hülsmann, Manfred**
Vorstandsvorsitzender der Stadtwerke Osnabrück AG
22. **Jungeblut, Volker**
Geschäftsführer der filofax GmbH, Schwalbach
23. **Kettler, Jens**
Leiter des EDEKA Bildungswesens, Hamburg
24. **Klages, Dieter**
Geschäftsführender Gesellschafter, Klages & Partner, Wallenhorst
25. **Kollhoff, Gerald**
Geschäftsführer von pharma print design in Waldkirch bei Freiburg
26. **Köster, Dieter, Dr.**
Geschäftsführender Gesellschafter des Bauunternehmens Köster AG, Osnabrück
27. **Kruthaup, Ulrich**
Geschäftsführer der Blomberg-Klinik, Bad Laer

28. **Lükenga, Reemt**
Gründer und Geschäftsführender Gesellschafter der Firma team! datentechnik in Georgsmarienhütte bei Osnabrück
29. **Meier, Wybcke**
Mitglied der Geschäftsleitung des Reisekonzerns Öger Tours (Marketing und Vertrieb), Hamburg
30. **Müller, Armin**
Hauptabteilungsleiter bei einem Automobilhersteller
31. **Müller, Hans-Heiner**
Aufsichtsratsmitglied Wessels und Müller AG, Osnabrück
32. **Müller, Michael**
Garten- und Landschaftsbau Harms und Müller GmbH in Wallenhorst, Musiker in der Band von Götz Alsmann
33. **Neumann, Holger**
Geschäftsführer der Pallas Group in Diepholz
34. **Neumann, Rolf**
Geschäftsführer der Pallas Group in Diepholz
35. **Odenbach, Volker**
bis Januar 2009 Diözesan-Caritasdirektor, Paderborn
36. **Pistorius, Boris**
Oberbürgermeister der Stadt Osnabrück
37. **Previ, Leonardo**
Multipreneur, Mitgründer und Geschäftsführer der Agentur Trivioquadrivio, Mailand
38. **Radau, Michael**
Gründer und Vorstand der SuperBioMarkt AG, Münster
39. **Rehn, Marie-Luise, Prof. Dr.**
Vizepräsidentin und Dekanin, Fachhochschule Osnabrück
40. **Robben, Wilhelm**
Generalbevollmächtigter der RWE AG, Essen (bis zum Frühjahr 2009)
41. **Rohn, Reinhard**
Verlagsleiter und Lektor, Aufbau Verlag, Berlin; Buchautor in diversen Verlagen

42. **Röwer, Lothar**
Geschäftsführender Gesellschafter der Röwer Sicherheits- und Gebäudetechnik GmbH in Osnabrück

43. **Rump, Konrad, Dr.**
Dr. Konrad Rump & Partner, Düsseldorf

44. **Sandmann, Andreas**
Geschäftsführer der PURPLAN GmbH, Wallenhorst

45. **Schmidt-Sonntag, Margarethe**
Lebensunternehmerin und TaKeTiNa – Rhythm Facilitator, Frankfurt/Main

46. **Schneidewind, Uwe, Prof. Dr.**
Professor für Betriebwirtschaftslehre an der Universität Oldenburg, von 2004 bis 2008 Präsident der Universität Oldenburg

47. **Schrage, Alexander**
Inhaber zweier EDEKA-Märkte (Osnabrück und Belm)

48. **Seidler, Harald**
Führungskraft bei Alcon Pharma GmbH – Freiburg (Area Marketing Manager Pharma Eastern Europe & Middle East)

49. **Seymour, John**
Advanced PGA Professional, Inhaber der John Seymour Golf Academy, Saalfelden (Österreich)

50. **Sikorski-Großmann, Dagmar**
Geschäftsführerin der Sikorski Musikverlage, Hamburg, Aufsichtsrat der Gema, Berlin und Präsidentin des Deutschen Musikverlegerverbandes, Bonn

51. **Sjuts, Ralf**
seit dem 01.12.2008 „Leiter Ganzheitliches Gesundheitsmanagement“ der Volkswagen AG und davor Chef der Deutschen BKK und der BKK FTE

52. **Sonntag, Albert, Dr.**
Vertretungsberechtigter Gesellschafter, Fabrik Sonntag (Büro- und Gründerzentrum), Waldkirch bei Freiburg

53. **Spiekermann, Friedhelm**
Gründer der Vermögensverwaltung Spiekermann & CO AG, Osnabrück (bis 2008 deren Sprecher des Vorstands, jetzt Aufsichtsratsvorsitzender)
54. **Thiele, Carl-Ludwig**
Abgeordneter des Deutschen Bundestages, Osnabrück / Berlin
55. **Thieme, Rainer**
Aufsichtsratsvorsitzender der Salzgitter AG, vormals Vorsitzender der Geschäftsführung der Wilhelm Karmann GmbH in Osnabrück und früherer Aufsichtsratsvorsitzender des Auto-Zulieferers ZF in Friedrichshafen
56. **Vespermann, Jürgen**
Geschäftsführer des Medizinischen Dienstes der Krankenversicherung Niedersachsen (MDKN), Hannover
57. **Wächter, Torsten**
Inhaber der custos consulting, Osnabrück
58. **Wehlend, Jürgen**
1998 bis 2008 Geschäftsführer innerhalb der EWE Telekommunikationsgruppe, Oldenburg
59. **Weller, Burkhard**
Geschäftsführer der WELLERGRUPPE GmbH & Co.KG, Berlin
60. **Werner, Götz W., Prof.**
Gründer der dm-Drogeriemarktkette und bis 2008 in deren operativer Steuerung
61. **Zechlin, Lothar, Prof. Dr.**
Gründungsrektor der Universität Duisburg-Essen

DER AUTOR

Burkhard Bensmann, Jahrgang 1959, Dr. phil., ist Organisationsberater und Coach aus Überzeugung. In der Begleitung von Organisationen und Führungskräften setzt er auf Langfristigkeit und Nachhaltigkeit – mit sanften, teilweise unkonventionellen Veränderungsmethoden, aber auch mit energischem Einsatz. In den über zwanzig Jahren seiner freiberuflichen Beratertätigkeit konnte er eine Bandbreite unterschiedlicher Profit- und Non-Profit-Unternehmen kennenlernen und dort in Projekten sowohl mit Mitarbeitern aller Ebenen als auch immer direkt mit Geschäftsführung bzw. Vorstand zusammenarbeiten.

Als Geisteswissenschaftler hat er sich den „anderen Blick" bewahrt, mit dem er Strukturen und Zusammenhänge erkennen und vermitteln kann. Mit seiner Lehrtätigkeit (seit 1990) an Hochschulen ist immer auch eine theoretische Auseinandersetzung mit seinen Tätigkeitsfeldern verbunden.

Neben allem theoretischen und methodischen Wissen sieht er Wertschätzung und Vertrauen als die Basis für eine erfolgreiche Begleitung von Individuen und Organisationen in Veränderungsprozessen an.

Weitere Informationen: www.bensmann.org

PERSONENREGISTER

SACHREGISTER